丛书主编　颜　实

科学与文化泛读丛书

兵器的故事和门道

熊　伟　著

山东科学技术出版社
·济南·

图书在版编目（CIP）数据

兵器的故事和门道 / 熊伟著 . —济南 : 山东科学技术出版社 , 2021.9

（科学与文化泛读丛书）

ISBN 978-7-5723-0980-9

Ⅰ. ①兵… Ⅱ. ①熊… Ⅲ. ①武器 - 普及读物 Ⅳ. ① TJ-49

中国版本图书馆 CIP 数据核字 (2021) 第 149022 号

兵器的故事和门道

BINGQI DE GUSHI HE MENDAO

责任编辑：胡　明
装帧设计：魏　然

主管单位：山东出版传媒股份有限公司
出 版 者：山东科学技术出版社
地址：济南市市中区英雄山路 189 号
邮编：250002　电话：(0531)82098088
网址：www.lkj.com.cn
电子邮件：sdkj@sdcbcm.com
发 行 者：山东科学技术出版社
地址：济南市市中区英雄山路 189 号
邮编：250002　电话：(0531)82098071
印 刷 者：济南麦奇印务有限公司
地址：济南市历城区工业北路 72-17 号
邮编：250101　电话：(0531)88904506

规格：大 32 开（140mm × 203mm）
印张：10.5　字数：160 千　印数：1 ~ 2500
版次：2021 年 9 月第 1 版　2021 年 9 月第 1 次印刷
定价：38.00 元

《科学与文化泛读丛书》
编 委 会

前言

兵器，作为战场的主角之一，充满了故事。它们时常能决定战争的胜负、历史的进程，因为人类总是把最新的科技知识应用到兵器上，甚至很多科技进步本身就是为了应对战争而取得的。一次技术进步的先后，可能就决定了一个国家的兴衰。

兵器技术的特点，一是先进性，二是复杂性。连看似简单的弓箭、弹药，都蕴含着常人不熟悉的知识、原理和技巧，所以在兵器的发明创造过程中，人们采用的方法也多种多样。比如，通过频繁的尝试，为舰炮找到了最佳的布置方式；在威力和重量之间寻求平衡，使步枪从单发提速到连发；翻出百年前就落伍的加特林机枪，用来拦截采用最新科技的导弹；面对破甲弹，用一个铁笼套住坦克，就相当于数百毫米厚的钢甲……

当然，兵器上的尝试与创新不是一帆风顺的：有的兵器被传统和习惯所耽误，错失在战场扬威的最佳时机；有的国家被某种兵器昨日的成功所误导，胜利者又成为失败者。

兵器的发明史其实与科技的发展史一样，最初都是从长期的实践经验中摸索出最佳的方法，创造出新工具、好工具，但知其然而不知其所以然；后来随着科学研究方法和基础理论的发展，科学家、工程师们可以有意识地根据新理论、新发现去发明和设计更好的产品甚至全新的产品。

战争需求能极大地促进兵器技术的发展。翻看战争史就会发现，战争初期已有的最先进兵器，往往不是最后获胜的最大功臣，最后让胜利方碾压敌手的，往往是在战争前有积累，到战争中才成熟的新兵器、新技术。淘汰战列舰的航母，破译密码的计算机，投向越南、伊拉克的激光、GPS 制导炸弹，莫不如此。

因此，未来战争的获胜方，必定是兵器发明的先行者。

现在，随着计算机模拟、虚拟现实、人工智能等技术的发展，兵器设计师们已经尝试在虚拟的战场世界里通过快速反复迭代来设计未来的兵器。但什么样的迭代方法才是合理的、最好的？以史为鉴，回顾兵器发展史上的故事，寻找其中的亮点，也许能给这个问题提供参考。

当然，先进的兵器是人研制出来的，决定战争胜负的最终因素是人不是物。提高人的素质正是笔者写这本书的目的所在：让更多的读者尤其是青少年读者了解兵器技术的发展规律，将来为国防事业做出贡献！

著者

目 录

一、简单中蕴含复杂

兵器在人们的印象中经常是威力巨大、结构复杂的东西，比如原子弹、导弹、坦克。要是讲它们的科学原理、技术工艺，自然有很多话说。不过我们先不谈这些看起来就很复杂的兵器，而是看一些貌似很简单的兵器。要弄明白它们的奥妙，是不是很容易呢?

并非这样，因为再简单的兵器里也包含了很多科技知识，也得精心设计，才能获得最大的作战威力。

1.1　箭，也有很高的科技含量

和现代的飞机大炮、坦克军舰相比，古代的冷兵器肯定是简单的。刀枪剑戟、斧钺钩叉中，似乎叉最简单，是从农具变来的，不过它从未成为主战兵器，拿来做代表不够好。主流的冷兵器包括刀、剑、枪、矛、盾、甲、弓、弩，以及弓、弩发射的箭。箭，就像现在步枪、机枪发射的子弹，因此从数量来说，它在中国古代军队里一直是配备最多的。

唐代兵书《太白阴经》记载，12 500 人军队的兵器配备为：弓 12 500 张，弦 37 500 条，箭 375 000 支；弩 2 500 张，弦

7 500条，箭250 000支；射甲箭50 000支，生钺箭25 000支。一共70万支箭，平均每人56支。其它的装备如甲、盾、刀、枪等等加起来，也远不如箭多。在其它朝代，弓弩和兵的比例也常常超过一比一，而且每张弓、弩的配箭都至少有30支。如果算上打仗的损耗，那箭就更多了。

因此我们先看看冷兵器时代，箭，这个最多的兵器，是不是简单。

箭，中国古代称之为“矢”，一般由三部分组成。前端的箭头，中国古时叫箭镞，作用是扎入敌人体内以杀敌；然后是箭杆（一根木质长杆），此为主体结构，也是最基本的部件；最后是箭羽，使箭在飞行中能保持稳定，准确命中目标。

弓箭早在原始社会就有了。最早的箭就是一根前端削尖的木杆、竹竿，结构确实很简单。后来，为了提高杀伤力，原始人把一些磨制的尖石片、蚌壳、兽骨、兽角、兽牙等装到木杆的最前端，就形成了原始的箭镞。由于材料性质不同，箭镞有不同的外形，对目标的杀伤特点也就不同。骨、角、牙磨出的箭镞大多为针状、圆锥状，石制、蚌壳制的则是片状。比较而言，前者穿透力更高，因为冲击力相对集中，而且圆锥形结构比薄片更难折损；石质、蚌质箭镞虽然穿透力差些，但一旦深入，就能形成更大尺寸的伤口，杀伤力更大。

青铜器出现后，上面两类外形开始发展、结合。一类是菱形截面的铜镞，就像中部加厚的石片、蚌壳箭镞，提高了强度，不易折损。另一类是有脊双翼式、三翼式箭镞，用得更多。它们的中心是针状的，相当于脊梁，周围伸出两三片薄薄的翼状部分，这样既像骨角质的针状箭镞那样穿透性好，又通过几片翼扩大了创伤面积。有的翼状部分还特别大，后缘为倒钩状，扎入后不易拔出。

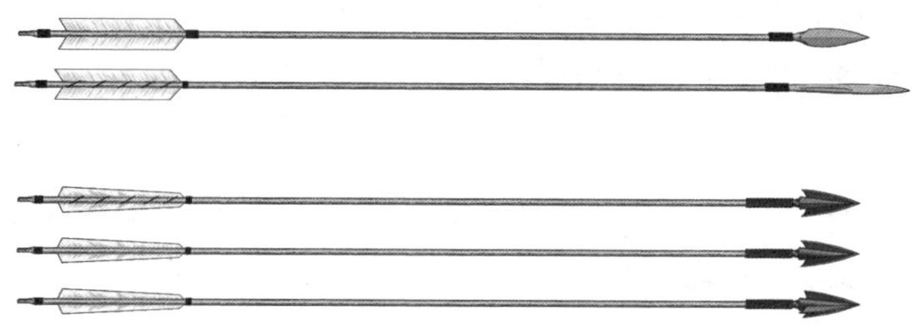

从上到下依次为石质箭镞、骨质箭镞、两种双翼箭镞、三翼箭镞。

图 1.1.1　箭镞

到了春秋战国时期，随着皮甲的发展，箭镞需要更大的冲击力和更高的硬度以穿透皮甲，于是发展出三棱镞。三棱镞前面由三个流线型的三角面组成，有点类似现代的子弹头。它比较厚重、坚实，因此穿透力比前面那两类铜镞更大，创伤面也不小，而且它更加短小，飞行时阻力更小。

箭镞后部的一段细杆叫作铤。铤的周围一般会缠绕细绳，插入劈开的箭杆顶端，再外缠细绳绑紧。到了春秋战国时期，

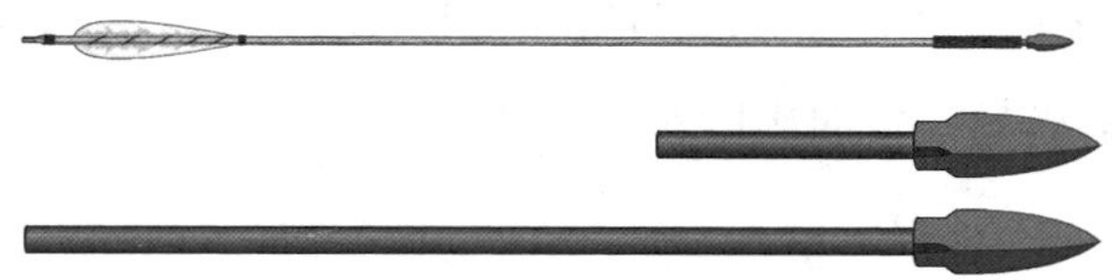

春秋战国时期流行的三棱镞对皮甲穿透力强，长铤的箭镞长度超过 30 厘米，增加了头部的重量。

图 1.1.2　三棱镞

中国对蚕丝已经用得很熟练了，经常在箭上用丝线缠绑箭镞。顺便说一下，丝和漆都是中国弓、弩、箭的特有材料，使它们拥有了世界一流的品质。

到了西汉以后的铁器时代，箭镞的形状就更多了，不仅能针对不同的盔甲，还有专门用于水战、火攻的。

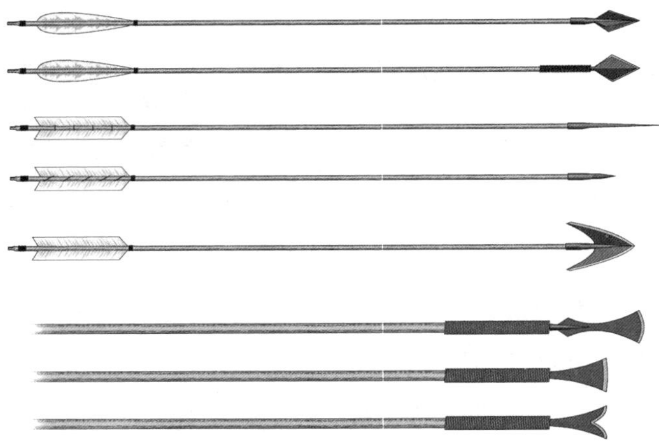

铁器时代的箭镞，锻打工艺用得多，硬度、强度都更高。针状、三棱锥等形状的箭镞特别适合对付锁子甲。铲形、月牙形的箭镞一般用于水战，可以射断敌船上悬挂、操控船帆的绳索。

图 1.1.3　铁器时代的箭镞

和箭镞配合的箭杆，在春秋战国时期也发展出很高的工艺水准，不再是一根简单的木杆、竹竿，它的科技含量不比青铜箭镞低。

在介绍箭杆的奥妙前，先介绍一本书——《考工记》。《考工记》又称《周礼·冬官考工记》，成书于春秋战国时代，记述了当时手工业的主要技术和经验。书中列举了 30 个手工业工种，包括制造陶器、车轮、容器、玉器以及织染等等。专门造兵器的有 6 种，其中一种就是专门造箭的，“矢人为矢”。请注意，箭头是由另外的“冶氏”负责的，这个“矢人”只管怎么造箭杆，以及最后阶段的组装。由此可见，一根箭杆，绝不简单。箭杆的材质、内在性质非常重要，简单说起来，它的重心、软硬直接关系箭的性能。

《考工记》明确指出，不同的箭要把重心控制在不同的位置：“矢人为矢，鍭矢参分，茀矢参分，一在前，二在后；兵矢、田矢五分，二在前，三在后；杀矢七分，三在前，四在后。”其它的记载还有“枉矢、絜矢利火射，用诸守城、车战”等等。至于“鍭矢”“兵矢”“枉矢”等到底是什么形状、有什么作用，专家们也还没有明晰、统一的解释。对于引文中的“参分”“五分”“七分”，一般的解释是：鍭矢、茀矢这两种箭，如果按长度分成三段，那重心前面有一段，后面为两段；兵矢、田矢，重心前的长度是两段，后面是三段；杀矢，重心前三段，后面四段。从鍭矢到杀矢，重心越来越靠近中部。后面一句的“利火射”“守城、车战”，则是说枉矢、絜矢这两种箭适合火攻时用，从城上、战车上发射。

这些记述足以说明春秋战国时的工匠们已经知道：箭的重心位置靠前，穿透力大，但直射距离相对来说不远；重心往后面的中心靠，箭就能直飞更远，但穿透力会有所下降。

如果是曲射（就是大角度向天上射箭，最后箭落下来扎向目标），瞄准起来比直射困难，但曲射时重头箭的穿透力更大，也更容易随着飞行轨迹改变角度，确保直直扎向目标。因此，

在春秋战国时，有一些箭镞的铤很长，从普通箭镞的几厘米增加到三四十厘米，这样箭头就很重，它们应该就是用于大仰角曲射的，或者是用弩射厚甲目标的。

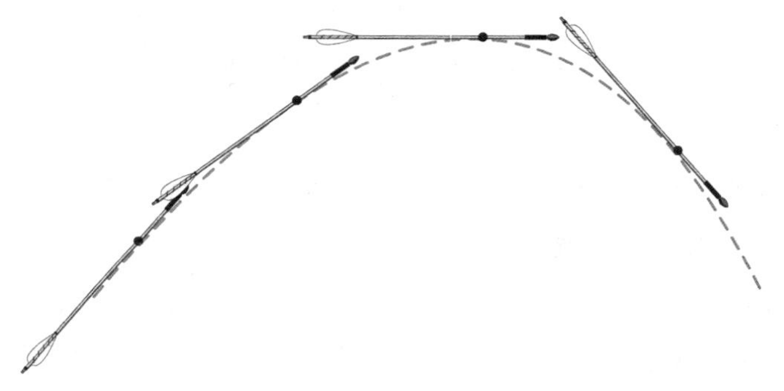

箭的重心靠前适合曲射。

图 1.1.4　重头箭

说了重心位置，再说说箭杆的材料。东周时期大量用竹，因为它相对来说好加工，容易劈裂出细长的杆状。还有采用木、藤、芦苇的。

《考工记》对箭杆材料的软硬、密度如何影响箭的品质有很深入的描述。它首先指出，箭杆“前弱则俛(同俯)，后弱则翔，中弱则纡，中强则扬”。这段话的意思是：如果箭杆的前面部分比较软(容易弯曲)，那么射出后的飞行轨迹会偏低；如果箭杆后面软，箭飞得就会有些偏高，像是在滑翔；如果中间比前后软，箭就会飞得弯弯曲曲；如果中间部分最硬，则容易飞斜。

现代人通过高速摄像机观察射箭比赛，就能看到，射出的箭不会是一根直棍，而是反复弯曲的。这是因为，弓弦的推力

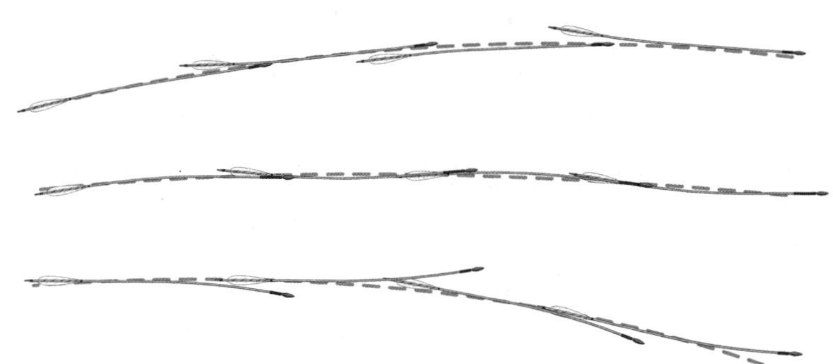

箭杆的前中后各部分中，哪个部分最柔软，对箭的飞行轨迹有不同影响，所以造箭杆时还要弯折它，看它的粗细强弱在前后各部分是否匀称。

图 1.1.5　箭杆材料对箭的飞行轨迹的影响

作用到箭尾后压迫细长的箭杆，让它弯拱起来；箭离开弓弦后，弯曲的箭杆在弹性作用下反复拱曲。这种变形会影响箭的飞行轨迹。如果箭杆硬度比较好，反复拱曲会很快消失，箭杆基本恢复成直的，箭就能射得比较准。

上面提到的“前弱”，就是指箭杆前部比较软，因此箭射出后，头部会有更多抖动，容易让箭低头；后面软，则像带了个摇摆的尾巴，这虽然有利于在近距离飞行中保持姿态，但对精准度也有不利影响——弓弦推动箭时，尾部过大的弯曲会让箭尾受到弓的更多干扰，影响飞出时的角度。

因此，最理想的箭杆应该是很坚硬、弯曲尽量少的。藤、芦苇自然就不太好了。和某些木材比起来，竹也软一点，但在春秋战国时期，还没有框锯、刨等工具，把坚硬的木料加工成杆状不容易，所以竹用得很多。到了宋代，箭杆材料在北方就首选杨木、柳木、桦木，南方则还是竹居多。

不管木还是竹，造箭时都要仔细选择。比如《考工记》中说：选择箭杆材料，首先要是浑圆的；如果都浑圆，那密度大的更好；如果都很致密，那木节、竹节稀疏（也就是间隔远）的更好；最后是颜色，更深更暗的更好。如上图中文字所述，矢人造箭时还会弯折箭杆，看它从前到后的粗细、软硬是否均匀。

在箭杆的横截面上也有讲究。虽然箭杆的横截面都是圆的，但后面的羽按照什么方向装，扣在弓弦上的槽怎么刻，也是非常讲究的。

图 1.1.6　确定刻槽的方向

把箭杆放到水里后，它会沿着轴向滚动，因为各方向的密度会有细微差别。等它彻底稳定后，上面那一侧就为阳面，下面一侧是阴面，要做好标记。然后，安装箭羽、刻划箭括都要以此为基准。如果是弓用的箭，在尾端纵向刻槽，形成箭括；如果是弩用箭，则横向刻槽、装羽。

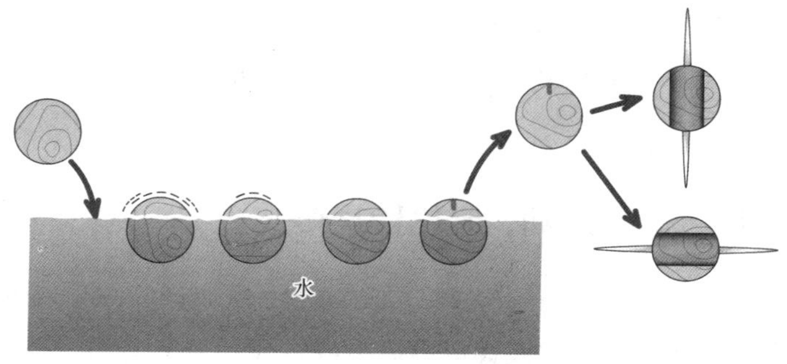

图 1.1.7　箭杆阴、阳面的确定以及纵、横向刻槽

阳面就是箭杆四周相对来说密度最小的方向，也是最软的方向，阴面就是最密、最硬的方向。严格按照阴阳面纵、横向刻槽，当这支箭放到弓、弩上准备射击、扣上弓弦时，阳面都会位于正上方或正下方，在弓弦的推动下，箭杆的拱曲变形将是纵向的。和横向拱曲变形相比，纵向拱曲变形对飞行、命中精度的影响要小得多。

从上面的叙述来看，一根箭杆不像看起来那么简单吧！其材料、密度、软硬直接关系到箭的质量，在制造时都要精心测量。箭杆前后的软硬、一圈的密度稍有差别，都可能让箭在飞行时有不同的表现。

最后说说箭羽，箭羽与箭的飞行轨迹、准确性也有很大关系。且不说怎么装到箭杆上，就是选材也有讲究。雕翎最好，所以大家经常听说“雕翎箭”，但雕这种大型鹰科猛禽可不多，于是有了次一些的选择——角鹰、鸱鸮（猫头鹰）、鸱鹞，也都是猛禽。再次是雁、鹅，相对就比较多了。可也不是这些禽类身上哪个部位的羽毛都能用，比如雕肚子上的羽毛就压根不行。为什么这样？这涉及这些鸟的生物特性，各个部位的羽毛有什么特点，要说明白，得横跨兵器、生物学科，这里就不细说了。

1.2 青铜剑，形色皆奥妙

读了上节，也许有人会说，箭是由金属、木材、羽毛等至少三种材料组成的，应该找个更简单的古代兵器来看看，最好是只用一种材料的。那就看看基本上只用到金属材料的刀剑。

刀在钢铁冶炼技术成熟后取代剑，成为最主要的格斗兵器。不过，制刀过程中的钢铁冶炼技术可并不简单，高等院校有一门学科叫作金相学，就是专门研究金属材料的细微组织结构的，比如马氏体、奥氏体之类。相比钢刀，青铜剑是更古老的金属兵器，因此我们来看看它是否简单。

很多人都知道，春秋战国时代的青铜剑是我国科技史、兵器史上的奇葩，铸造技术和制作工艺都是世界一流的。比如大家最熟悉的越王勾践剑，出土时剑身光亮毫无锈蚀，表面有精美的黑色菱形花纹。这把剑，刃薄锋利，出

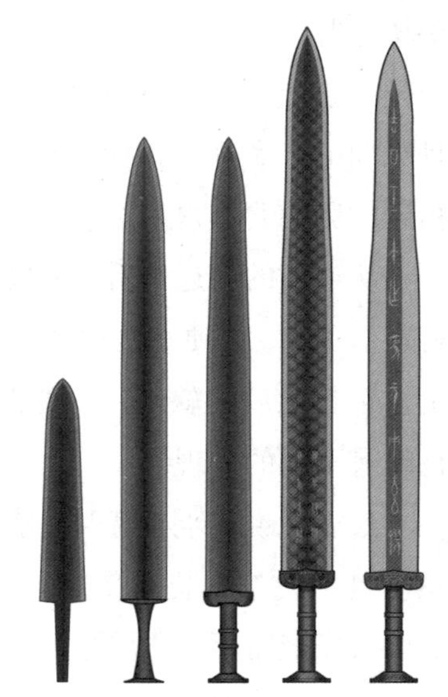

右二为越王勾践剑，右一为少虞剑。

图 1.2.1 从西周早期到春秋战国时期青铜剑的演变

土后还能轻松划开20层纸。

对越王勾践剑上精妙的花纹、装饰就不多说了，这里从另一个看起来很简单的地方说起，那就是剑刃的线条。仔细比对一下剑身的前半段和后半段，可以看出宽度有一点区别，中间部分有一小段收缩。越王勾践剑是春秋晚期的，再看看战国时期的少虞剑，前后部分的宽度差更明显一点。

春秋早期的剑，剑身基本是一条直线过去，到前端后收束成尖。后来逐渐演变成少虞剑这样的形状，是出于两个主要原因。一是随着冶炼技术提高，人们能铸造更长的剑身了，这会让剑的重心逐渐前移，离握剑的手越来越远。对于挥舞、击刺动作的顺畅程度和效率，剑的重心位置和剑的重量一样，影响很大。重心位置越远，挥舞时的惯性就越大，影响刺出时对准目标。为了降低这个惯性，人们就把剑身前部缩小一点，以减轻前部重量。

有人会说：那把剑身做成前窄后宽，侧刃是一条斜线，不是更方便吗？不错，从降低重量、后移重心来说，这样更方便，但还有第二个原因。

剑，杀伤目标的主要手段是什么？像刀那样砍？不是。刺，是很明显的一种，另外还有一种——割划。在剑的武术动作中，有抹、撩等动作，利用剑身的侧刃从目标表面划过，达到杀伤效果。因为青铜材料的强度、硬度明显不如钢，因此青铜剑和后来的钢剑相比，刺杀效果要弱，更加依赖侧刃的割划，去攻击当时的皮甲和敌人。

这种情况下，一个突然变化的剑身宽度，一个突然拐弯而

非直线的侧刃，相当于增加了第二个剑尖。用剑对着目标刺割一次，就相当于刺割了两次。到了后来的钢剑时代，侧刃变得只有直线，则有三个原因：锻造和铸造不一样，不容易形成复杂的轮廓线；钢铁材料更坚硬；剑不再是主要兵器。因此，再弄出曲线的剑身外形就不值当了。

所以，剑身侧面的一条线，也不简单。

我们再仔细看看那把少虞剑，这次看颜色：中间颜色深，两侧很大部分颜色浅。难道两侧那么宽的部分都是磨砺出来的剑刃？不是，两侧很大部分还是剑身，却和中间颜色不同，这是因为剑身是由两种青铜材料制成的。

青铜是铜锡合金，上述的“两种”是指它们的合金比例不同。通过现代金相学研究，人们已经发现了青铜中锡含量的变化对其硬度、韧性的影响规律。从图 1.2.2 中我们可以看出：随着锡的含量增加，青铜器的硬度会明显提高，但韧性会很快下降，变得很脆。因此，做兵器时，锡的含量最好在 14%～20% 之间。不过，具体到不同的兵器，又存在区别。

中国人在春秋时代就已经了解这一点，并总结出“六齐”法则。成书于春秋战国时期的《考工记》中对此有记载：“金有六齐：六分其金而锡居一，谓之钟鼎之齐；五分其金而锡居一，谓之斧斤之齐；四分其金而锡居一，谓之戈戟之齐；三分其金而锡居一，谓之大刃之齐；五分其金而锡居二，谓之削杀矢之齐；金锡半，谓之鉴燧之齐。”根据这段话，现代学者们理解计算出下面这样一个铜锡含量表。

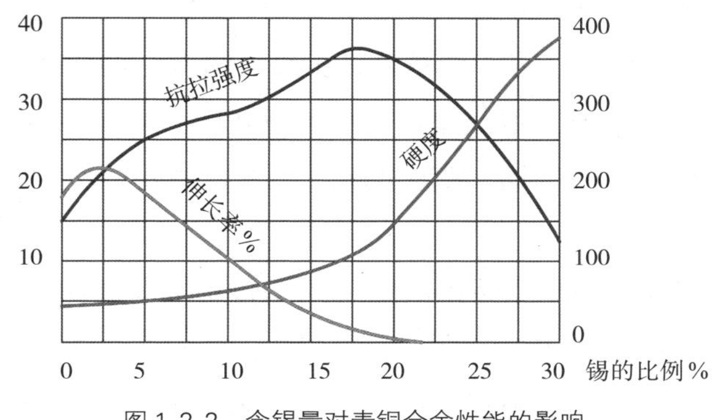

图 1.2.2　含锡量对青铜合金性能的影响

钟鼎之齐：	六分其金而锡居一	铜 85.71%	锡 14.29%
斧斤之齐：	五分其金而锡居一	铜 83.33%	锡 16.67%
戈戟之齐：	四分其金而锡居一	铜 80.00%	锡 20.00%
大刃之齐：	三分其金而锡居一	铜 75.00%	锡 25.00%
削杀矢之齐：	五分其金而锡居二	铜 71.43%	锡 28.57%
鉴燧之齐：	金锡半	铜 66.67%	锡 33.33%

斧钺杀伤目标时，很大程度是靠自身比较大的重量，因此对锋刃的坚硬程度要求不高，但对韧性要求高，否则容易裂开，因此它的含锡量可以低一些。“削”是作为工具的小刀，“杀矢”是箭头，它们尺寸小，因此对硬度要求高，而韧性稍差也不要紧，特别是箭头，就算破裂也没关系。

用仪器分析现代考古发现的青铜兵器的含锡量，发现斧钺等大多为 14%，箭头多为 20%，这与上面的数值差了一点，是因为“六齐”中的“锡”其实包含了锡和铅。铅能改善液态合金的流动性，方便铸造，因此也常加进来。如果把铅的含量加

进去，考古文物的检测结果就与“六齐”法则很接近了。

上面说的“大刃”就是剑，春秋人觉得它的锡铅含量为25%最合适，看来他们是首先想保证硬度。那能不能既坚硬又强韧呢？春秋晚期、战国早期，人们就找到了一种方法——制造复合剑。

他们首先铸造出剑的中心部分，包括剑茎和剑脊的中间部位。用的原料是含锡量10%~12%的青铜（有的还加入6%的铅）。这样的青铜件韧性好，不易折断。然后把这个部件插入第二个铸范，在两侧铸出剑刃，这时用的青铜合金的含锡量就提高到17%以上（有的含1%的铅），甚至达到20%，质地坚硬。

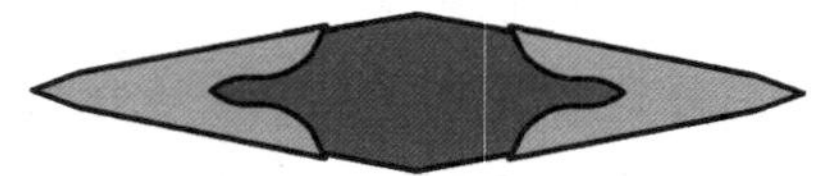

图 1.2.3　复合剑的剑身截面图

这样，剑身的内外两部分的青铜合金比例不同，兼顾了韧性和硬度两方面。外侧的高含锡量部分，硬度高，杀伤效果更好，它即便因为韧性不高而破裂，还有含锡量低、韧性好的中间部分，可以保证全剑不断裂。

上述“复合剑”一词，现在已成为一个专门术语，特指中国春秋战国时期铸造的这种青铜剑，它是我国古代青铜冶铸技术的一项卓越成就。由于低锡含量的青铜颜色偏白，高锡含量的青铜颜色偏黄，因此这种剑又被称为双色剑、两色剑。

可见，即便只用一种材料制造的兵器，早在两千年前，就已经很不简单了。简单的一条轮廓线，合金材料里成分的一点变化，都能大大影响兵器的性能。

这种利用软硬不同材料以达到更好综合效果的方法，在现代兵器上也有广泛采用。比如坦克的基本装甲——钢板，也要在硬度、韧性上取得平衡：人们通过热处理等技术，造出了双硬度装甲钢板，前面含碳高、硬度高，能与穿甲弹硬碰硬；后面则相反，韧性更好，防止钢板受强烈冲击后，在弯曲变形时开裂。后来更是发展出用装甲钢、陶瓷、塑料、复合材料等制成的复合装甲。

1.3 穿甲弹，内有乾坤的长钉

上一节最后说到了装甲钢板，下面说说打它的穿甲弹。

这里说的“穿甲弹”不是在反坦克导弹、火箭筒上常用的那种靠击中目标后炸药爆炸产生金属射流来打穿装甲的，那在专业上叫作“破甲弹”，我们在后面的6.3节会说到它。破甲弹打装甲的能量来源是击中目标后炸药爆炸释放的化学能；穿甲弹击中目标后不爆炸，而是靠离开炮口时已经获得的速度和自身的硬度，硬生生地在钢板上钻出一个洞，实现穿甲攻击效果。

这里说的“穿甲弹”也不是广义上的穿甲弹。有的穿甲弹其实在坦克出现以前的铁甲舰时代，就已经出现了。它和普通的爆炸性炮弹更类似，里面装了炸药，击中目标后会爆炸，但炮弹外壳更厚，能穿透铁甲舰、战列舰厚达几十甚至上百毫米的防护装甲。它打穿装甲的能量也来自于击中目标后炸药的爆炸，依靠其坚硬外壳的高速冲击。

下面只说专门打坦克的穿甲弹，其核心结构可以看作一根金属钉，但如何让这根金属钉更有效地在装甲钢板上钻出洞来，也不简单。

1916 年 9 月 15 日，在第一次世界大战的索姆河战役中，坦克第一次投入实战。虽然英军的 59 辆坦克只有 9 辆完成了预定任务，但它们的冲击力还是给世人留下了深刻的印象。德军面对这种新武器，一开始不知如何应付，但在 1917 年 4 月 11 日德军缴获 2 辆英军坦克后，发现它的装甲并非真正的坚硬钢板，而是便于加工的商业用软钢板，大多是用于造锅炉的，而且厚度只有 6 ~ 10 毫米。

图 1.3.1　一战中被德军击毁缴获的英军坦克

经过试验，德军发现自己手头上有一种现成的武器能打穿这种坦克的装甲，那就是 K 型子弹。这是 1915 年就开始配发给机枪手、狙击手的一种子弹，尺寸和普通子弹一样，但弹头内部有一个碳化钨弹芯，而不仅仅是铅，因此它比普通子弹重，也更坚硬，适合打远距离目标。德军配发它，本来是用来打敌方堑壕里的哨兵、瞭望哨，这些人常在堑壕、哨位前加一块薄钢板充当装甲，K 型子弹能在 700 多米远的距离上打穿这些钢板。发现 K 型子弹能打穿坦克装甲后，德军随即给每个步兵配发了 5 发 K 型子弹，给机枪手配发了一条满装 K 型子弹的弹链。

K 型子弹虽然不是真正的打坦克的穿甲弹，但它指出了穿甲弹的第一条核心原则——坚硬。碳化钨是此后穿甲弹最常用的一种材料，它的密度为 14 ~ 15 克 / 厘米 ^{3}，是钢的 1.8 倍、铅的 1.3 倍，硬度则要比最硬的钢高 30%。

穿甲弹的第二条核心原则是动能大。弹头越重、速度越快，动能就越大，越容易打穿装甲。而炮弹的动能，可以看作下面这个乘法公式的结果：

炮弹动能 = 炮膛内压强（膛压）× 炮膛面积 × 炮管长度

进而可以换算成：

炮弹动能 =（膛压 × 炮管长度 × π × 口径 × 口径）/4

显然，要提高动能就要从膛压、长度、口径三个方面入手。

一战后，很多国家研制了口径为 20 毫米、37 毫米的反坦克炮，但二战一开始就发现它们威力不够。增加它们的膛压，得靠冶金技术加厚炮管，潜力不大；加长炮管，已经很长了。因此提高穿甲弹动能的最简便方法，就是加大口径。反坦克炮的口径从 37 毫米、50 毫米攀升到 57 毫米，重量也越来越大，

不再是三四个步兵就能移动和操作的了。打坦克的坦克炮，口径也攀升到 75 毫米、88 毫米，小坦克都装不下。为了改变这种状况，人们又在穿甲弹上想了很多办法。

在介绍后来的次口径穿甲弹之前，先介绍一下锥膛炮及其穿甲弹。锥膛炮是一种很巧妙的尝试，它的炮管口径从后往前逐渐缩小，炮膛内是个圆锥形，前小后大。比如德国人设计的一种锥膛炮，口径从 28 毫米变成 20 毫米。锥膛炮穿甲弹的中心，是一根直径 20 毫米的碳化钨弹芯，周围是铅、铜材料的软壳，外径 28 毫米。炮弹发射后，随着在炮膛里前进，软壳被挤向后面，变成拖后的“裙子”，最后飞出炮口。与 20 毫米口径的普通反坦克炮相比，在同样的膛压下，推动穿甲弹的力增加，最后穿甲弹的飞行速度能达到 1 400 米 / 秒，比同时期的普通反坦克炮高出约 70%。在当时，这可是一种前所未有的速度。英国人则做了一小段锥形的滑膛炮管，装到原有火炮的炮口，也把穿甲弹的速度提高了很多。

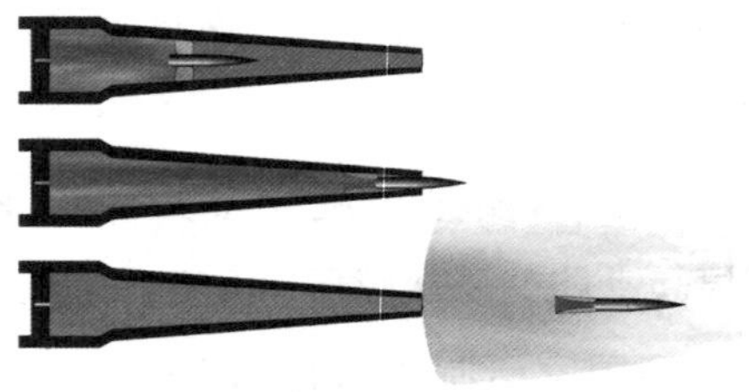

图 1.3.2　锥膛炮原理示意图

锥膛炮有两个大缺点：一是只能发射这种特殊的穿甲弹，不能发射普通榴弹；第二个更致命，就是炮管寿命短了很多。因此，锥膛炮没能成为主流，德、英两国试过一次后，都很快放弃了。但是，锥膛炮穿甲弹的巧妙原理，以另外一种方式得到了发扬光大。

锥膛炮说到底就是想兼顾两个方面：发射炮弹时，口径大些，推力就高；炮弹本身的口径小些，这样速度更高，穿甲时力量更集中。这就好比钉子和图钉，前者得用榔头砸，后者用手指就能压入，原因在于图钉和钉子相比，前端更尖细，后端则大得多。锥膛炮是在炮管上做文章，实现了尖头大尾，如果不在炮管上做文章而到穿甲弹上做，也能实现这一点，那就是次口径穿甲弹。

次口径，指的是穿甲弹的弹芯直径比炮管、全弹的直径小，一般前者只有后者的二分之一到三分之一。弹芯材料是碳化钨，或者其它硬度高的材料，至少得是高硬度钢。弹芯外面则是低碳钢或铝合金等材料制作的弹体，直径和火炮口径一样，也有弹带等其它炮弹常有的部件，它们从炮膛内到飞行过程中都跟弹芯在一起；打到装甲上的时候，这个弹体外壳就破碎、裂开，留下中间的碳化钨弹芯去装甲上钻孔。

这种次口径穿甲弹，口径容易增大，以提高总的动能；重量大多集中在更细的弹芯上，穿甲时能量更集中。因此，它的

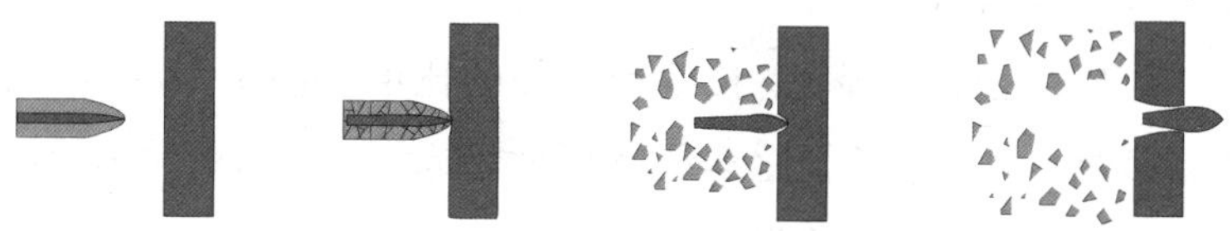

次口径穿甲弹碰到装甲后，外层材料破裂，只留下中间的弹芯穿甲。弹芯的口径要比炮弹的口径小，因此得名“次口径”。

图 1.3.3　次口径穿甲弹穿甲原理示意图

穿甲威力比普通穿甲弹有大幅度提高，成为二战后期坦克炮、反坦克炮的高级弹药。

次口径穿甲弹也体现出穿甲弹的第三条核心原则——尖。或者说，要把冲击装甲的动能集中到一个尽量小的面积上。这在兵器专业上叫“着靶比动能”，是用弹丸动能除以弹体横截面积。此后，穿甲弹的发展主要就是围绕这个指标来进行的。

在次口径穿甲弹上，穿甲的是弹芯，外层的弹体对穿甲没啥作用，因此尽量减小这个无效的重量，能让更多火药能量用到弹芯上。二战后，设计师们致力于解决这个问题，在20世纪60年代研制出脱壳穿甲弹。它的弹芯外层不再严密包裹着弹体，而是铝合金甚至尼龙材料的弹托，在穿甲弹飞出炮口后就脱落。这样有两大好处：一是弹托的尺寸、重量更小，浪费的动能更少；二是穿甲弹飞行时，只留下尖细的弹芯，阻力小了很多，能提高精度与射程。

因为弹芯细长，普通炮弹那样的旋转稳定方式就不灵了，因此后来的主流脱壳穿甲弹都是靠尾翼稳定，被称为“尾翼稳定脱壳穿甲弹”，有时也叫“尾翼稳定长杆脱壳穿甲弹”，英文缩写为APFSDS。

可以看出，长径比（长度和直径的比值）越高，着靶比动能就越高，但这个长径比不是随便就能提高的。如果弹芯的韧性不高，撞击装甲时会断裂，起不到穿甲效果，而韧性和硬度经常是矛盾的。因此，这种长杆弹芯在材料、冶金、加工工艺上都有很高的要求。20世纪70年代后，人们普遍采用钨合金，它的密度达到 18 克 / 厘米 ^{3}。冶金技术的提高，让弹芯的长径比从十几提高到 30 多。后来又出现了密度高达 19 克 / 厘米 ^{3} 的贫铀合金，而且强度、韧性都要比钨合金高很多。我们现在常听说的贫铀穿甲弹，大多就是指坦克炮发射的贫铀弹芯的尾翼稳定脱壳穿甲弹，是现在威力最大的穿甲弹。美国人还为对地攻击机的 30 毫米机关炮研制了贫铀弹芯的次口径穿甲弹。

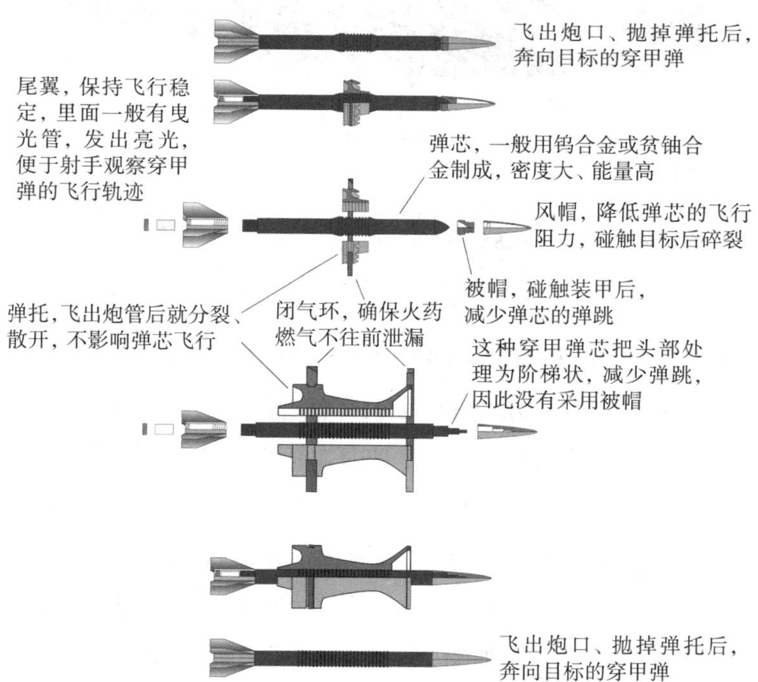

图中两种弹，上方的弹采用小尺寸的花瓣形弹托，后面尾翼的翼展和炮膛口径一样，在炮膛里运动时，弹托、尾翼一起保持穿甲弹的姿态；下方的弹则采用尺寸稍大的马鞍形弹托，前后闭气环也是定位环，保持穿甲弹的姿态，尾翼也就能比炮膛口径小很多，更利于提高威力。

图 1.3.4　坦克炮常用的两种尾翼稳定脱壳穿甲弹

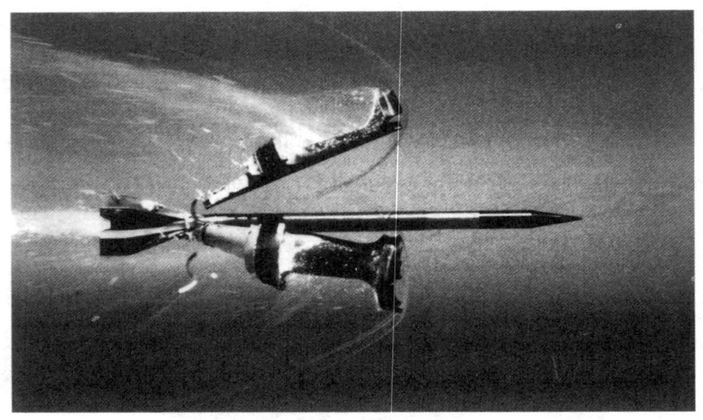

试验中拍摄的120毫米脱壳穿甲弹的马鞍形弹托正在分离。因为速度达到音速的五六倍，所以在弹托前面会产生激波，空气动力、阻力变化都很大，这对弹托能否顺畅分离以及弹芯能否保持飞行稳定都有很大影响。现代兵器工程师们都要借助这种高速摄影，来仔细观察、分析弹托的分离情况，以便找出最合理的外形和结构方案。

图 1.3.5　脱壳穿甲弹弹托分离

除了弹芯，还有很多细节对穿甲弹的威力影响很大。

风帽是弹头部分的一个重要部件，它能减少飞行阻力，保持飞行稳定。之所以需要它，是因为有的穿甲弹芯前端并非像钉子那样的尖头或流线型，而是有一定的凸起或者台阶，否则撞到倾斜的装甲表面后容易发生弹跳，形成跳弹。

有的穿甲弹芯用另一种方法避免跳弹：在前端包裹一些延展性较强的金属，比如铅，称为“被帽”。撞上装甲后被帽会变形，同时把穿甲弹芯和装甲黏在一起，保证穿甲弹芯和装甲之间有个合理的角度而不易弹跳。

可见，穿甲弹内虽然没有炸药、引信等部件，核心结构只是一根金属长钉，但其中包含的技术还是不简单。

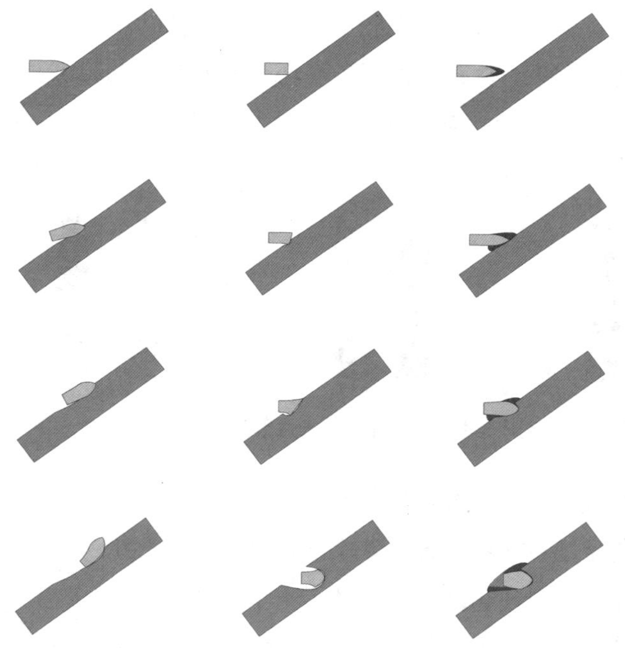

碰上这种倾斜装甲，尖头的弹芯容易发生弹跳；把头部做钝，或者改成台阶形，能“咬”住装甲，减少弹跳；在弹头加一层被帽，也能减少弹跳。

图 1.3.6　被帽的作用示意图

1.4　枪弹，修炼六百年才成形

如果说炮弹比较复杂是应该的，毕竟尺寸大、威力大、射程远，那枪弹呢？只有手指那么大，应该很简单吧？现代枪弹如果剖开，结构上确实不算复杂，一般只有下面几个部分：一层弹壳，中间放着颗粒或细条状的发射药，上面堵着弹头；弹头一般有三层，外面是铜质的被甲，然后是铅，中心有个钢芯，有的枪弹，特别是手枪弹，只有被甲和铅；弹壳底部有个小坑，

里面放着一个底火，也叫火帽；底火是个圆柱形的小金属容器，里面装着雷汞、叠氮化铅等击发药。一些特殊的枪弹，比如曳光弹、穿甲燃烧弹等，会增加曳光剂、炸药等部分。

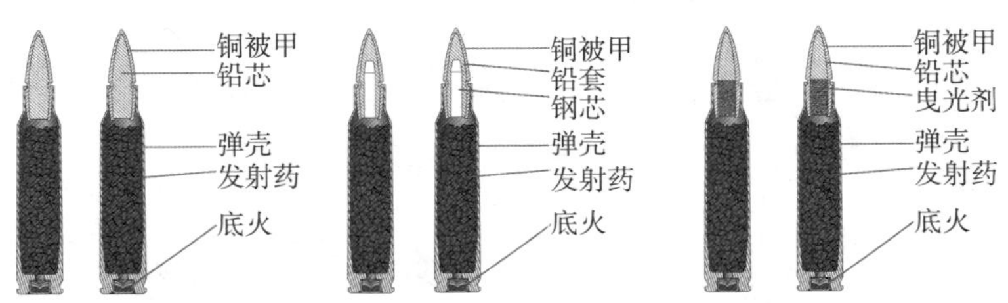

图 1.4.1　现代枪弹（从左往右分别是普通弹、穿甲弹、曳光穿甲弹）

总体算下来，普通枪弹一般只有六七个部分，但这样的结构，是经过 600 多年的历史才发展成熟的。有很多看起来很简单的结构，实现起来也是历经了千辛万苦。

公元 13 世纪，在中国出现了枪炮的鼻祖——突火枪，后来发展为金属管状的火铳。它们的弹药是完全散装的颗粒状黑火药和一颗颗金属弹丸，击发装置则是一根插入管内的火捻，或者倒在一个孔状火门里的黑火药。这办法一直用了 200 多年。

到了 15、16 世纪，在欧洲先后出现了火绳枪、燧发枪，击发方式有了很大进步，射手只需扣动食指，就能点燃火门处的黑火药，进而引燃枪管里的黑火药，把前面的铅制圆形弹丸“吹”出去。可是枪弹的装填，还是要分别装入火药、弹丸，而且要用通条把它们压实。炮弹也是这样。

把火药、弹丸事先装到一个金属容器里，人们也想到过，造出了佛郎机铳。但这个金属容器要承受发射时的强大压力，要和发射管一样厚，重量不小。更重要的是，它和发射管之间的密封不容易解决，导致火药燃气泄漏，影响弹丸的威力和精度。它的弊大于利，因此没被人们看好。

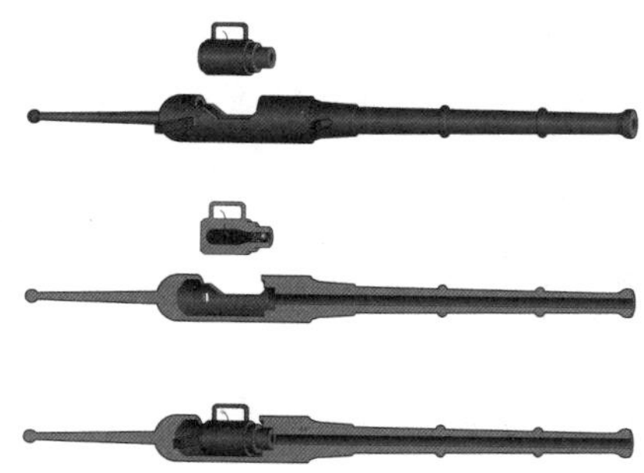

佛郎机铳的子铳内装有黑火药、弹丸，相当于一颗“子弹”，可是“弹壳”要跟发射管一样厚。后方插入的横销把子铳往前顶紧，但密封性还是不够好。

图 1.4.2　佛郎机铳

一大改进是，人们把散装的黑火药用纸包起来，这样能比较准确地控制火药量。到了 17 世纪，瑞典人把弹丸也纳入纸包，枪弹的携带一下子

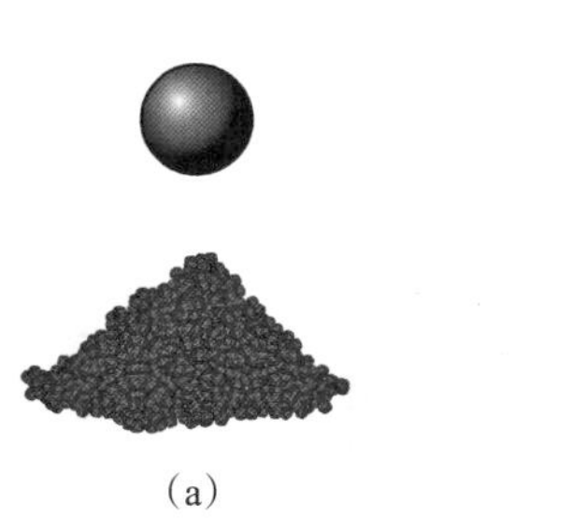

(a)

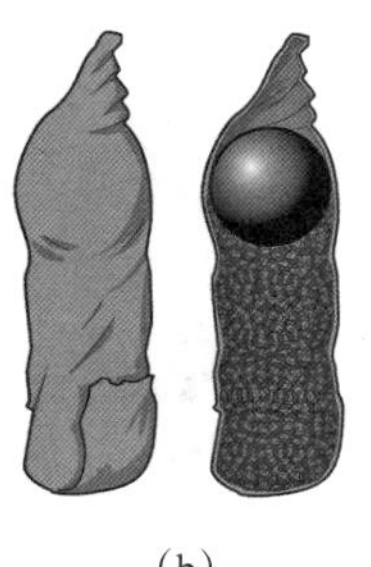

(b)

(a)最早的弹药，都是分开的弹丸和颗粒状火药，发射前倒入枪管、炮管，再把少量火药倒入引火孔、火药池，然后用火绳、燧石点燃。所有的黑火药都装在一个容器内，比如葫芦、牛皮袋等，士兵倒入枪管时，数量难免有多有少。

(b)枪弹的第一次大进步，是把标准重量的散装黑火药和一颗弹丸一起包在纸内，形成一颗颗纸包弹。这样不仅便于携带和控制火药重量，也使装填步骤简化了一步。

图 1.4.3　早期的弹药

方便很多。装填也方便了一些，但还是要分好几步。

燧发枪装填纸包弹的过程一般是：打开并检查枪机处的火药池；然后用嘴咬破纸包弹，把一点火药倒入火药池，作为击发药；把枪竖起来，将剩下的火药都从枪口倒入枪膛；把纸包和弹丸团在一起，塞入枪口；抽出通条，用它把弹丸和火药压实在枪膛底部；收好通条，枪才进入待发状态。这种燧发枪不仅装填速度慢，精度、射程也不高，因此都是很多士兵排成几排横队，根据口令一起瞄准前方射击，靠集团射击来提高杀伤力。

19世纪初，随着化学技术的发展，人们已经能制造出非常敏感的火炸药——雷汞。它只要受到撞击就会引爆，不像黑火药那样需要明火引燃。于是人们把一点雷汞装到一个小型的铜制容器内，在外面用金属针撞击，雷汞爆炸产生的火焰从传火孔喷出后，就能引燃黑火药，这被称为“火帽”。它不仅比燧石撞击点火的方式更可靠，而且更防水。

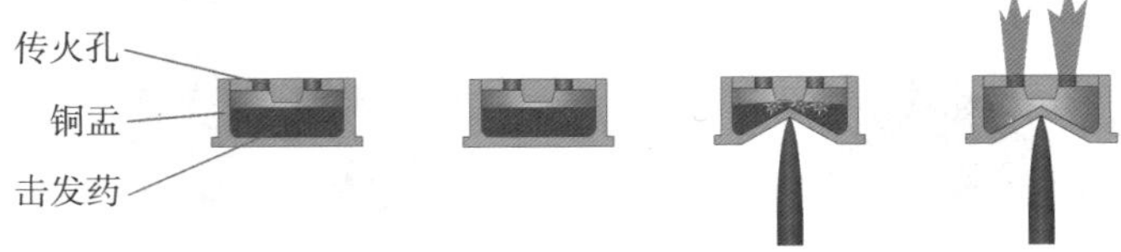

火帽里面装有敏感的击发药，被击针撞击后喷火，引燃发射药。

图 1.4.4　火帽

人们还设法把弹丸、黑火药、雷汞一起装到一个纸制弹壳内，于是，在1812年出现了“定装枪弹”。机械加工技术的发展，也让枪管的开合、密封得到很大改善，从枪管尾部装填弹药的后装枪开始快速发展，这个发展也反过来促进了枪弹里弹丸的变化。

人们早就发现了线膛枪相对于滑膛枪有很多好处：射程远、精度高；弹丸能变成长形，更有穿透力。但从枪口装填弹药时，膛线是个大麻烦。法国人研制的米涅枪弹利用弹尾膨胀，来解决装填和密封之间的矛盾。

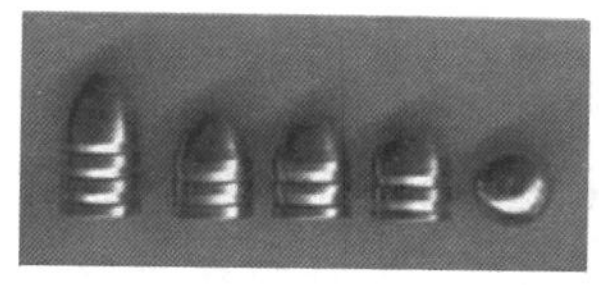

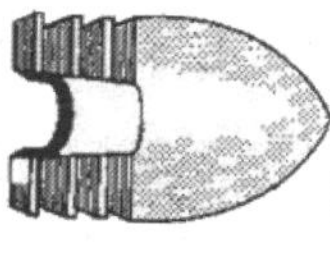

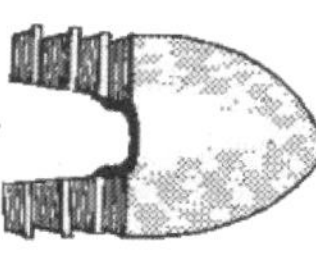

米涅枪弹的尾部中心有段空洞，射击时因为火药气体的高压，往外膨胀、张开，从而紧贴枪管、膛线，实现密封。膨胀前，弹头的直径比枪膛小，因此不会增加装填难度。

图 1.4.5　米涅枪弹

后装枪出现后，长形弹丸装入枪膛就很容易了，为枪弹的发展又扫除了一个障碍，“弹丸”也就变成了“弹头”。

19 世纪 60 年代，出现了黄铜金属弹壳。因为黄铜有比较好的延展性，枪弹发射时的火药燃气可以让它膨胀，紧贴枪膛内壁，从而更好地密封。这对保持枪弹初速的稳定性，提高射击精度，非常重要。可枪弹发射后，弹壳要从枪膛里抽出来，这时贴得太紧就不好了，特别是在膛压比较高、弹壳比较长的步枪上。于是人们又对步枪弹的弹壳外形做了改进，往前是逐渐缩小的，甚至在前端猛地收缩一下，抽壳时很容易松脱。现在的步枪弹，大多是这样的瓶形弹壳。

图 1.4.6　金属弹壳从圆筒形发展到瓶形

装着击发药的小火帽，也能直接装到金属弹壳上了。以前用纸弹壳时，火帽只能装到金属弹头的底部，击针要穿过整个发射药，细长细长的，容易损坏。不过，火帽在金属弹壳上的安装位置，也是经过了多年尝试。最开始有装在侧面的，称为边缘发火，这样容易在枪弹上安装火帽，也容易设计枪机的结构。因为装弹时要让火帽对准位置，所以还是把火帽装在弹壳底部中心最方便，这样最终形成了现在常见的枪弹结构。

金属弹壳是形成这种结构的关键，因此在枪弹设计中，它外形尺寸的细微变化，比如侧面的倾斜程度，瓶颈处如何变化，都是关键。它的长度，还决定能容纳多少发射药。因此，专业上说一种枪弹时，不会只说它的口径，还会加上弹壳的长度。比如勃朗宁设计的手枪弹，有 9 × 17 毫米和 9 × 20 毫米两种规格，都是 9 毫米口径的，但后者的弹壳比前者长 3 毫米，打出的弹头动能高 81%。突击步枪刚出现时，就没用之前的步枪弹。德国把 7.92 × 57 毫米的毛瑟步枪弹，换成 7.92 × 33 毫米的短步枪弹，研制出世界上第一种突击步枪 StG-44；苏联人在 7.62 × 54 毫米步枪弹的基础上，设计出 7.62 × 39 毫米的中间型枪弹，才研制出著名的 AK–47。弹壳短了一截，发射药少，单发的后坐力减小，这样才能持续连射。

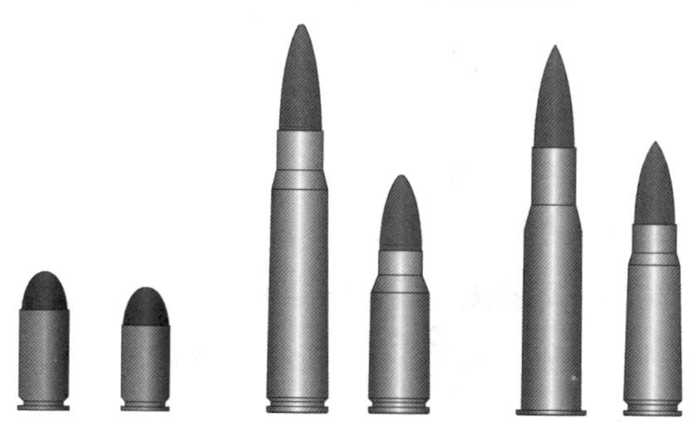

从左往右分别是勃朗宁 9 × 20 毫米手枪弹（也称勃朗宁长弹），勃朗宁 9 × 17 毫米手枪弹（也称勃朗宁短弹），德国 7.92 × 57 毫米毛瑟步枪弹，7.92 × 33 毫米短步枪弹，苏联 7.62 × 54 毫米步枪弹，7.62 × 39 毫米中间型枪弹。

图 1.4.7　几种典型枪弹

黄铜是做弹壳的最好材料，但我国缺少铜矿资源，枪弹在战时又消耗量巨大，因此我国兵工人员很早就尝试用更便宜的钢代替铜来制造弹壳。早期用覆铜钢，弹壳的主体是钢，外表面披了一层铜。到 95 式步枪时，用涂漆钢的弹壳，进一步节省了铜。钢的延展性要比黄铜差很多，这不仅对射击时抽壳不利，也给枪弹生产造成不小困扰。金属弹壳是在机器上把一块金属片冲压成长筒形，而且是底大口小的瓶形，加工质量如何直接关系到生产速度、成品率等。

19 世纪晚期，枪弹上还有两个地方发生了重要的进步。

一是弹头。1875 年，瑞士人首先在过去的铅质弹头外面披上一层铜锌合金，使其能更加密实地嵌入膛线，不仅密封效果更好，弹头速度提高，还为后来出现复杂结构的弹头奠定了基础。

二是发射药。1886年，法国人首先将刚刚发明的无烟火药用到枪弹里，代替过去的黑火药。黑火药燃烧后的产物中有硫化钾，是一种熔点为840℃的固态物，因此过去的枪炮射击后会有大量烟雾，不仅遮蔽射手视线，还会在枪管、炮管内留下残留物。对于火炮来说，这意味着要及时清理炮膛；对枪来说，则意味着口径不能太小，否则容易堵塞。无烟火药燃烧后的产物都是气态物质，有了它，枪械口径才能缩小到8毫米以下。

图1.4.8　美国内战时期的步枪击发后在枪口、枪膛处都会产生浓烈的白烟

因此，在一颗看似简单的枪弹上，有很多细节决定着它的性能高低。少残渣的发射药，才能使枪管经过连续射击后不堵塞；材料、外形合适的金属弹壳，才能适应快速的上弹、抽壳，连弹头外形也会对上弹是否顺畅有影响。因此，只有在枪弹结

构趋于成熟合理后，能够连续自动发射的机枪才得以问世。现代步枪对枪弹的要求也非常精细，以获得尽量高的可靠性和射击精度。

1.5　枪，自动方式各不同

上一节我们说到，金属弹壳的定装枪弹成熟后，才为机枪问世提供了良好基础，否则装弹动作不顺畅快捷，如何实现每分钟高达几百发的连续射击？1860年，美国人加特林研制手摇转管机枪时，最开始用的是纸壳枪弹，但火药燃气泄漏问题很突出，影响威力和安全性，射速也不高。考虑到它的重量和所需操作人手，优势并不比当时的单发步枪高多少。随后加特林采用了刚刚出现的金属弹壳定装弹，射速可以达到每分钟200发以上，终于有了比较高的实战价值。

1884年，移居英国的美国人马克沁设计出第一种真正的机枪。他把枪弹发射时的后坐能量利用起来，靠它推动一系列机械机构，完成装弹、射击、抽壳、再装弹射击的循环过程。但把这个能量利用起来也不容易，不同枪械要根据自身特点采用不同的自动方式，否则会出危险。

最简单的利用后坐力的自动方式，就是让火药燃气直接推动弹壳、枪机往后跑，把弹壳从弹膛里“吹”出来，这被称为“自由枪机式”。枪机后面有弹簧，在被后坐力顶推、压缩后，积存能量，然后反弹，推动枪机往前，把下一发子弹推入枪膛。

这种办法虽然简单，可存在一个问题，就是只能用在小威力的枪弹上。弹壳离开枪膛后，就要独立承受火药燃气的膨胀力，这时如果膛内压力还比较高，弹壳就很容易破裂。小威力枪弹的膛压下降很快，问题不大，可大威力枪弹就不行了。解决这个问题的一个办法是，让弹壳后退得慢一些。使枪机重量加大，后方的弹簧变硬，都可以实现这一点。但弹簧太硬的话，组装、保养起来麻烦。枪机是个前后剧烈移动的东西，如果重量大了，弹簧力大了，就会产生更强的振动，影响连续射击时的精度。

因此，自由枪机式只能用在手枪、冲锋枪上。手枪枪管短，发射小威力手枪弹时弹头很快飞离枪口，膛压下降很快；一些低成本的冲锋枪不太在乎精度高低，都可以采用自由枪机式。在大威力手枪和追求精度的冲锋枪上，自由枪机式就不行了。人们倒是想出了一个解决办法，就是在枪机后面加一些附加机构，增加它后退的阻力，延缓弹壳出来的速度，这被称为“半自由枪机式”。不过，这样的机构需要精心设计和加工，因而用得不多。这两种方式的共同特征是枪机往后跑，因此也叫“枪机后坐式”。

自由枪机式的自动方式，原理、结构都很简单，但在马克沁发明第一挺机枪时没法采用它。即便他不在乎精度而选用自由枪机式，也不可能。这是因为机枪弹不仅膛压比手枪弹高，弹头在枪管里运动的时间也长好几倍，要想平衡它的后坐力，让弹壳不过早抽出，枪机的重量会大到十几千克，机枪都要变成炮了。

历史上，先进机械刚出来时大多是大尺寸的，然后才变得精细、小巧，自动枪械也是这样。因此，能让小手枪自行装弹的自由枪机式自动方式，虽然原理简单，真正实现却比机枪还晚 8 年，1892 年才有了第一支自动手枪。

回到机枪。为了防止弹壳炸裂，马克沁想到了一个办法，让弹壳晚些出来，这就是“枪管短后坐式”，也叫“管退式”。他在枪机和枪管之间加了个闭锁扣，枪弹发射时一直扣着枪机和枪管。而枪管并非完全固定的，发射时在后坐力的推动下，和枪机一起往后退。退上一小段距离后，枪弹已经飞出枪口，膛压降低到安全值。这时会碰上一个凸起机构，把闭锁扣打开，于是枪机和枪管分离开了。枪管被挡住停下，枪机则依靠惯性继续后退，把弹壳抽出，然后在一个曲柄或弹簧机构的作用下，前进、上弹。

就这样，枪机开锁时间得到延迟，避免了弹壳过早出来、炸裂的危险。机枪弹强大的后坐能量，有一部分让枪管吸收了，也就减小了枪机所需要的重量。当然，阻挡枪管、顶开闭锁扣的凸起，位置设计很重要。当初马克沁不仅进行了长期的反复试验，还专门做了一些测量后坐力的实验，经过力学和工程计算，才把它设计好。

枪管短后坐式，结构上也比较简单，因此很快得到广泛采用。连勃朗宁设计手枪时，也用到这种原理。当然，这位著名枪械大师也做了很大创新，结合手枪的特点，把闭锁开锁机构做了很大简化。比如没有活动的闭锁扣，而是在枪管、枪机上做几个简单的齿，枪管后坐时往下摆，摆到一定程度就解除

闭锁了。

但是，这种枪管前后移动甚至摆动的自动方式，对射击精度自然有不小影响。手枪对有效射程的要求只有几十米，子弹又很快飞出枪管，因此还能接受。机枪追求的是扫射、压制，不要求颗颗命中，因此也可以接受。可对于步枪来说，射击精度要求比前两种枪都高，用枪管短后坐式来实现自动射击就不能接受了。因此，步枪进化为半自动步枪，要比机枪、半自动手枪更晚，直到人们发明了另外一种自动方式——导气式。

枪管不能动，枪机又要在弹头运动一段时间，枪膛内压力降到足够低后，才能开始运动。于是，人们想到在枪管前部开个口，通上根小管子，弹头在枪管内前进到那个位置后，火药燃气才能进入小管子，向后吹去，带动枪机向后运动，完成开锁、抽壳等动作。开口越靠前，压力就越低，能保证安全抽壳。

这种从枪管前部导出一股气来，实现抽壳、装弹循环的自动方式，被称为“导气式”。现在大多数突击步枪、轻机枪都采用这种自动方式。当然，在具体结构上，这种自动方式还有一些细微变化。比如，在导气管里布置一根活塞，火药燃气吹动它，它顶着后面的枪机框后退，这叫作“导气活塞式”。有的设计中，活塞和后面的枪机框不是固定连接，活塞猛顶枪机框一下后，自己停下，枪机框则跟它分离，依靠惯性跑完后面的路程，这叫作“活塞短行程式”；而活塞和枪机框总是靠在一起，共同走完所有路程的叫作“活塞长行程式”。有的枪为了简化结构，不要活塞了，让火药燃气直接吹到枪机框上，这叫作“导气管式”或“气吹式”。

著名的AK47系列突击步枪就采用活塞长行程式自动方式，动作可靠性很高，但是枪机、活塞都要前后运动不小距离，因此射击过程中枪的重心位置会有剧烈变化，影响连发射击精度。如果取消活塞，运动部件轻了，枪可以更稳定。美国M16步枪就采用气吹式，因此精度明显高于AK47。但火药燃气和枪机直接接触，容易造成残留物积累、阻塞，所以M16刚推出时故障频频，改进后也需要经常清理枪机、枪膛等。

自动枪械利用后坐力实现快速的连续射击，是枪械发展史上继燧发枪、定装弹后第三次革命性的进步。但这股后坐力的利用，要在枪弹发射的短短千分之一秒内卡准时间和力道。因此，虽然在表面看起来，手枪、步枪、机枪都是弹壳一颗颗自动跳出，弹头连续飞向目标，可在内里，原理和结构其实有很大差别。

1.6 古代火药，混合硝炭有技巧

火药，是兵器史上最重要的发明。大家都知道，最早的火药是中国人在炼丹过程中无意发现，然后不断摸索、试验成功的。“一硝二磺三木炭”是民间流传的火药制造口诀，简洁地描述出古代火药的成分：1斤硝石，2两硫黄，3两木炭。古代1斤等于16两，按此换算下来，硝、硫、炭所占重量比例分别是76.19%、9.52%、14.29%。后来化学家根据化学反应方程式计算，得出的最佳比例是硝、硫、炭各占74.84%、11.84%、

13.32%，这样所有的化学物质正好充分反应没有剩余，产生的气体、热量也最多。

可见，民间流传的口诀与最佳比例很接近，当然这是经过数百年摸索才得出的。对我国出土的一些元代火器，用仪器检测里面残存的火药，发现硝、硫、炭的比例是60%、20%、20%。同时期的欧洲火药，各成分比例是67%、16.5%、16.5%。这不仅与当时的化学知识水平有关，也与硝石、硫黄的提纯工艺有关。

硝石，中国古人最早称之为“消”，因为它会在水中溶解、消失，把水蒸发后又结晶出来。后来发现，“消”其实也有区别，于是有了硝石、芒硝之分。前者的主要化学成分是硝酸钾，除了入药，还能造火药；后者的主要化学成分是硫酸钠，烧不起来，也曾被称为朴硝、皮硝。这两种硝还有一对相似的名字——牙硝和马牙硝。古人是根据硝能在水里溶解、结晶的特性，从硝土里提纯它们。硝土中除了硝酸钾，还有硝酸钠、硫酸钠等其它物质，加入草木灰能把硝酸钠变成硝酸钾、碳酸钠。在水里结晶时，这些化学物质会形成各种晶体，有的形状相似而成分不同，比如牙硝、马牙硝；有的是主要化学成分相同，形状却不同，比如牙硝和盆硝，都能造火药。

可见，虽然还不知道具体化学成分，但中国古人已经通过一些物理现象来区分和提炼自己需要的原料。硫黄，也有一些提纯过程，主要是通过加热让它气化、分出，然后冷凝成高纯度的硫黄。

对于火药的配方比例以多少为宜，古人的认识和应用也很丰富。比如明代的火药配方，已经根据用途来细微调整三种成分的比例，甚至是原料种类。硝的比例高，产生气体多，适合做发射药；硫黄多，就反应迅猛，适合做爆炸药；炭多，则燃烧能力强，适合做引火的火门药，以及用于火毬等燃烧性火器。而在原料中，用雄黄时，“气高而火焰”，适合做燃烧性火药；用石黄时，“气猛而火烈”，适合配制炸药。至于炭，是用各种植物烧制而成，功效特点也存在区别，比如用柳枝烧制的炭适合做发射药，用葫芦做原料的炭容易燃烧，用箬叶制的炭则适合配制爆炸药。

对于古代火药发明发展过程中，摸索出配方比例的艰辛积累，我们都很容易理解，那是不是知道配方比例，提纯出合格原料后，把三种原料均匀混合就能造出火药？不是的，还要加水。

图 1.6.1　造黑火药时要加水

造火药时要加水，这恐怕会让很多人觉得奇怪，难道是为了防止生产、运输过程中出现意外？主要目的不是这个，而是为了让它更好地燃烧。硝、硫、炭三种原料的密度不同，即便混合均匀后，经过搬运、移动，它们也会分离：硝容易沉到下层，炭容易聚集到上面。因此古人造火药时，把三种原料碾成粉末，按比例称重、配好，只是完成了第一步。

第二步是加入水，把它们拌成泥状，而且加水不止一次，等快干时加水再捣，如此反复多次。最后，混合物里三种原料分布均匀，表面细腻。这时把火药"泥"擀成面饼状，拿到外面晒干。

第三步算是质检环节。从晒干的火药饼上取一小块样品，放到纸上或者手心，然后点燃。如果它迅速燃烧，而且燃气立刻升腾，下面的纸张完好如初，手心不感觉热，就说明这块火药饼合格了。如果烧完后在纸上留下残留物，或者手心感到烧灼，就说明混合得不好，这块火药饼得再次捣碎，碾压成粉末后返工第二步，直到合格为止。

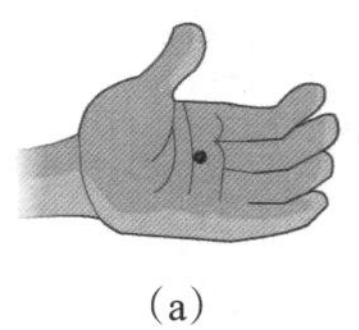

(a)

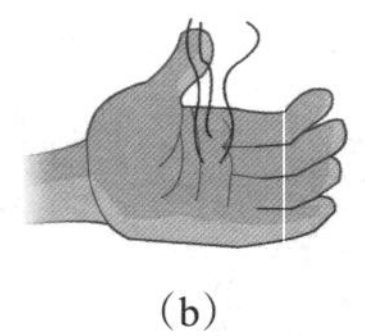

(b)

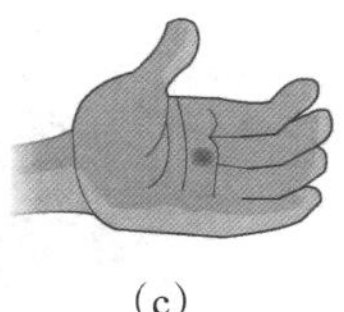

(c)

(a)将颗粒状的火药置于掌心。
(b)点燃后燃气升腾，掌心不热，无残留，是好火药。
(c)燃烧后掌心有残留物，或者被灼烧烫红，就表示火药不合格。

图 1.6.2　检验黑火药

最后一步，把检验合格的火药饼破碎成粒，然后用不同的筛子过筛。大颗粒的给大型火铳用，小颗粒的给火枪用，细粉末则回收再用。

当然，成品火药还是怕水的。因此，在后来采用机械生产黑火药后，还有专门的烘干机，对火药粒做进一步处理。火药中的主要成分硝容易吸湿返潮，针对这一点，人们对用在南北不同地区的火药采用了不同的配方比例。明代火器专家赵士桢就曾在他的《神器谱或问》中指出，各地配置火药时要“权度我中华九边、沿海之宜，再较晴明、阴雨、凉爽、郁蒸之候，备料制药”。后来，西方机械化生产黑火药时，还有专门的磨光机，把火药粒表面抛光，降低它的吸湿性。

所以，古代制造黑火药的关键环节，一是用盆盆罐罐提纯原料，二是像做馒头那样和面。

二、技术决定生死

兵器和民品相比，性能高低的一点点变化所产生的影响，不是利润的高低，而是生死之别。虽然战争结果受很多因素影响，包括兵器技术性能、战略指挥艺术、双方综合实力乃至战斗意志，历史上也很少有完完全全由某件兵器决定胜负的战争，但在一些战争中，兵器技术的影响还是非常巨大的，往往决定了很多人的生死。战舰，作为尺寸最大、综合度最高、乘载人员最多的兵器，在这方面表现得尤为突出。

2.1　舰炮，曾经年年变脸

中日甲午战争中的黄海海战，以北洋水师惨败而告终，对中国近代史的影响也极其巨大。号称“东亚第一舰队”的北洋水师被日本舰队打得大败，清政府腐败、海军军费被挪用、军需官贪污，这些确实是原因，除此之外还有一个疑问：“东亚第一舰队”这个称号是不是吹牛？还真不是。

“定远”“镇远”两舰，在设计时集中了当时世界上最先进的两种铁甲舰——英国“不屈”号和德国“萨克森”号的优点，被称为“遍地球第一等之铁甲舰”。“经远”“来远”两舰，还有那艘逃跑两次的“济远”舰，几乎算是德国设计建造装甲巡洋舰的开山之作，在结构、性能上都有可圈可点之处。比如“济远”舰开创的新式穹甲，一直影响了之后德、法等国穹甲巡洋舰的设计；而“经远”级全舰照明完全电气化。即便最老的“超勇”“扬威”两舰，1880年在英国订造时，也是当时最现代化的巡洋舰。但时间是个关键。

我们对比一下最熟悉的两艘中日名舰：“致远”舰，1886年9月下水，1887年7月建成；“吉野”舰，1892年12月下水，1893年9月建成。二者前后只差6年。

非常不幸，从1866年到1906年，是全世界的海军包括战舰结构、海战战术发展变化最剧烈的时期。这40年间的变化之大，连后来航母崛起、战列舰没落、导弹横行世界的变化都无法与之相比。特别是在甲午战争前后那几年，不仅北洋水师，即便英、德、法各国海军的铁甲舰，经过短短10年也会变得落后。

这其中最大的原因，在于舰炮。流传很广的说法是：清廷腐败，北洋水师没钱像日本海军一样大量配备速射炮，是海战失利的主要原因之一。但这个说法不完全准确，因为当时速射炮刚刚出现，人们还看不出速射炮比大口径舰炮更好。

话还得从1866年的利萨海战说起。当时，意大利、奥地利在地中海利萨岛附近海面进行了一次激烈海战，这是人类历史上第一次大规模使用铁甲舰的海战。意大利舰队虽然有12艘铁甲舰，但还比较传统，舰炮排列在两舷，因此他们以单纵队迎敌。奥地利舰队只有7艘铁甲舰，但在舰首安装了火炮，还有水下撞角。他们排出前后3个楔形队，直插对方的纵列编队，一场混战后获胜。应该说奥地利舰队胜得有些偶然，但结果摆在那儿，所以引起剧烈反响。于是随后几十年，各国都对舰首炮、撞角、横队战术的作用给予了很大关注。

随着“斐迪南德”号的猛烈撞击，“意大利”号渐渐沉入海中，奥地利舰队获胜。海军战术和舰船设计的一个新时代，就在这撞击中来临。

图 2.1.1　利萨海战

加上桅杆、风帆被取消，后装炮代替前装炮，因此在舰上设置旋转炮塔，内装穿透力更强的大口径火炮，成为一种显然最为有利的方式。为此，人们不仅设计出越来越大的舰炮，还对炮塔布置想了很多办法。

火炮口径越大，旋转炮塔的自重就越大，甲板下就需要更复杂的液压、齿轮机构来转动炮塔。为了克服这一缺点，法国人在1870年发明了“露炮台”：把炮塔顶的装甲盖取消，周围的一圈装甲板固定到甲板上，只转动火炮和下面一层甲板。

英国人在1876年建造“不屈”号铁甲舰时，把两座旋转的主炮炮塔略微错开，这样对于正前方，两座炮塔都能射击，火力最强。随后德国为中国建造的“定远”“镇远”舰，也采用了这样的布局方式。

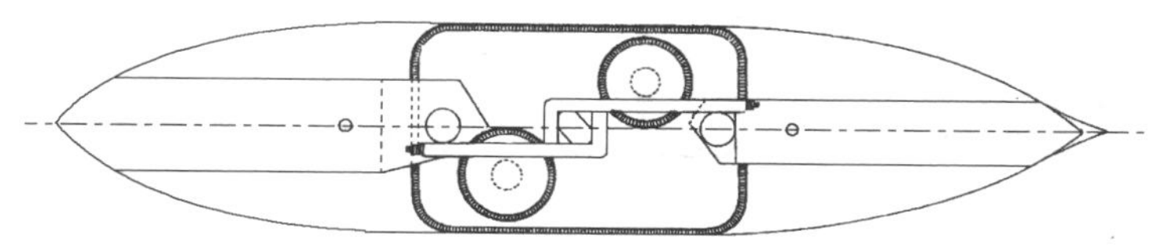

图2.1.2　英国“不屈”号铁甲舰的炮塔布置

“定远”“镇远”舰除了错开布置的两座主炮炮塔，首尾还各有一座副炮炮塔，其前后向的火力最强，能有4门305毫米炮和1门105毫米炮射击。对于侧面，则有2门305毫米炮和2门105毫米炮。

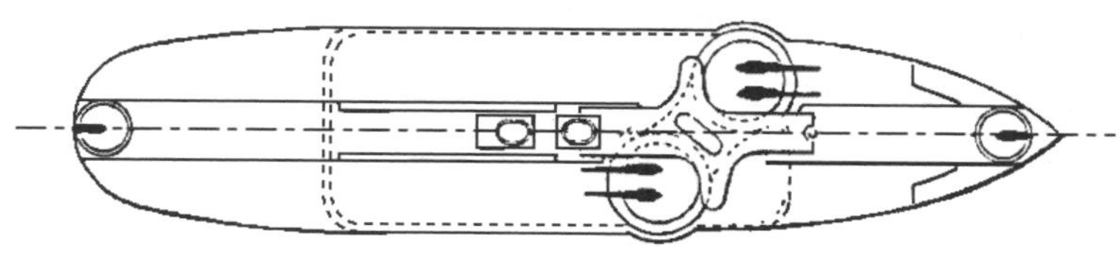

图2.1.3　“定远”“镇远”舰的主炮炮塔和首尾副炮炮塔布置

对于口径100多毫米的副炮，最先还是像风帆战舰一样，在舷侧开口，只能向侧面射击。后来有的舰在首尾安装旋转炮塔，射角超过180°，但一艘舰上只能在首尾装一两门。后来人们在舷侧炮的基础上，把船舷往外凸出一点，这样首尾的舷侧炮就能分别向前后射击了。

英国在1875年设计的“香农”级装甲巡洋舰，舰炮布置在舷侧，首尾的切角让首尾的4门炮可以向正前方或正后方射击。

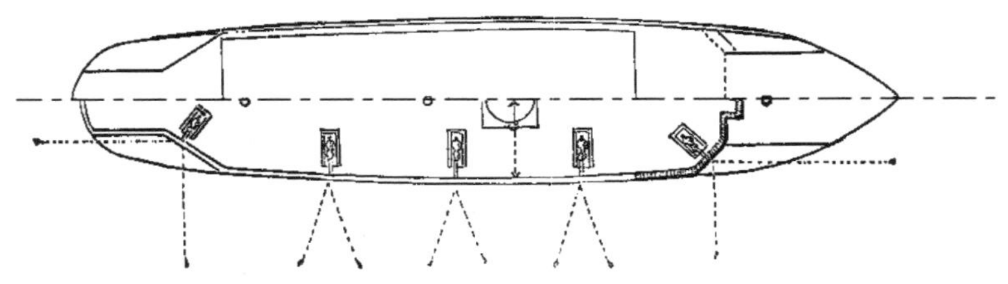

图2.1.4 “香农”级装甲巡洋舰的舰炮布置

在1870年，法国人发明了耳台——在船体中部侧面凸出的一些半圆平台，把副炮装在那里。这样射角要比以前的方式更大，每门炮都能接近180°了。北洋水师的“致远”“经远”“平远”等6艘舰，日本的“浪速”“吉野”等4舰，都是用耳台布置副炮。北洋的“致远”“经远”舰左右各有1座耳台，但晚几年建造的日本铁甲巡洋舰的耳台就多了：“浪速”舰左右各有3座耳台，“吉野”舰左右各4座。

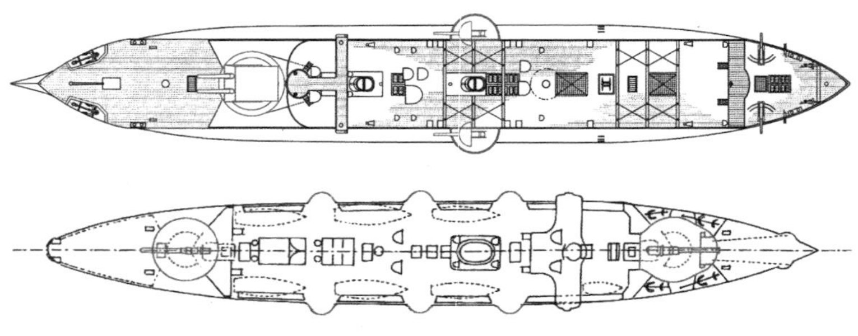

图2.1.5 船体中部侧面凸出的耳台

旋转炮塔、露炮台、耳台，是当时舰炮布置的潮流。至于前向火力和侧向火力哪个更重要，或者说船头对敌、船侧对敌的战术哪个更好，当时存在不同看法。船头对敌，能减少自己的暴露面积，但是能动用的舰炮数量和射界会受到限制。船侧对敌，火炮好布置，特别是可以布置较多的副炮，但容易被敌人打中的面积也大了。对此，人们想出了水线装甲带、船腰炮房（铁甲堡）、穹甲等方法，加强侧面防护。可当时的动力条件毕竟有限，船侧对敌总体来说还是不如船头对敌安全。于是，设计师们对铁甲舰、装甲巡洋舰的火力配备总是有不同的侧重点。

1879 年，英国人给清政府建造“超勇”“扬威”舰时，综合弹重、射速、射程、吨位等因素考虑，认为大口径炮效果更好，于是在首尾布置了 2 门 254 毫米大炮，首先还是要保证炮弹能穿透对方装甲。

“超勇”“扬威”舰在首尾各有一个大炮房，各自开了三个炮门，因此火炮能转移到不同位置，向左右前后射击。

图 2.1.6　“超勇”“扬威”舰的火炮

1879年，法国人发明了反后坐装置。当时海军战舰上刚刚兴盛的后膛架退炮，射击时整个炮身、炮架后退，通过一个滑坡上移，吸收后坐力，然后火炮复位、重新瞄准。法国人发明的反后坐装置则只需要炮管后坐，复位更快，重新瞄准也简单了。新炮被称为速射炮，也叫管退炮，射速是先前舰炮的几

架退炮射击时通过在轨道上滑动来消除后坐力，然后拖回原来位置，再次开炮。

图 2.1.7　架退炮

英国的120毫米速射炮，射速5~6发/分钟。当时同口径的架退炮，射速不过1发/分钟，口径两三百毫米的，2~3分钟才能打一炮。

图 2.1.8　管退炮（速射炮）

倍甚至十几倍。但它毕竟刚出现，还只能造出120毫米口径的速射炮，与200多毫米乃至“定远”舰上305毫米口径的大炮相比，炮弹威力、射程都小很多，还不足以占据优势。

1887年，北洋水师的绝大部分战舰已经建成；1887年后，日本的“千代田”“秋津洲”“吉野”号，还有“松岛”“严岛”“桥立”号相继建造。

此时，速射炮口径已经发展到150毫米，而且速射炮允许身管更长，炮弹的射程也就更远，已经接近了“定远”舰上的305毫米大炮。由于射速高几倍，同样时间内可以投射的炮弹总重量已经达到305毫米炮的四分之三，再加上数量多，日舰同样时间内的“投弹”重量已经超过了北洋水师。

150毫米速射炮的炮管下方有复进装置，吸收后坐力，复位更加迅速准确，还用药筒代替药包，简化了装弹步骤，因此射速比以前有了显著提高。

图2.1.9 有复进装置的150毫米速射炮

不过炮弹总量高，并不意味着占据了优势，因为单发炮弹穿甲能力弱，照样不管用。于是，在“松岛”“严岛”“桥立”三舰上，主炮是一门320毫米大炮。三舰建成时，日本人还庆

祝自己有了对付“定远”“镇远”舰的法宝，可见日本人也认为单凭速射炮还无法对抗北洋水师。

因此当时北洋水师虽然速射炮不如日本舰队多，但舰炮口径更大，有大口径穿甲弹这一法宝。他们的战舰上是以150毫米、210毫米乃至305毫米的大口径舰炮为主，战术上采用船头对敌的横队也与这种火力配置很吻合。

从这方面来说，缺少速射炮并非北洋水师战败的关键。要求当时的北洋水师乃至清廷能看到铁甲舰、舰炮技术后来的发展方向，是过于苛求了。即便他们能看到，对建成不到十年的战舰进行大改动，也并非想象的那么简单，除了舰体改装、后勤弹药，战术训练也得跟着改。

所以说，1894年的黄海海战，要是单凭速射炮，日本舰队未必能胜，甚至可能落败，因为后来的实战也表明，速射炮再多也威胁不了“定远”“镇远”舰的铁甲。至于“松岛”等三舰的320毫米炮，性能还不如北洋水师的305毫米炮，甲午海战时基本没起作用。但在那时候，除了速射炮，兵器技术在其它方面的发展也非常快，还有另外三项技术来凑热闹。

1884年，“定远”“镇远”“济远”舰刚建成，法国人发明了无烟火药。乍看起来这似乎不重要，不就是射击后的烟雾少多了，不再遮挡视线了嘛！其实不止如此，更重要的是它射击后膛内残渣少多了，能提高射速。黄海海战时，日舰用的就是无烟火药，北洋水师用的还只是黑火药的改进品——栗色火药。无烟火药技术，让胜利天平往日方倾斜了一点。

1888年，光学测距仪出现。其基本原理还是三角法、比例法，但此前炮兵测距主要靠目视，现在则引入了望远镜，成为精密仪器。黄海海战中，日舰“吉野”号上就装备了这种新设备。其实，当时日本水兵的训练水平远不如北洋水兵，这在海战中的发炮数量、命中比例上都有体现，但作为日舰中精锐的第一游击队，“吉野”号的命中率很高。加上“吉野”等舰设计建造晚，动力设备新，航速占优势，这让日本舰队获得了局部优势，胜利天平再次倾斜了一点。

胜利天平最大的倾斜来自黄色炸药。它的学名叫苦味酸，是一种当时已经用了一百多年的黄色染料。1871 年，法国人偶然发现它能爆炸，而且威力比黑火药、棉火药大很多。随后德国人发现可以用雷管引爆它。1885 年，法国人开始用苦味酸装填炮弹。1888 年，日本人偷学到这门手艺，1893 年开始给海军炮弹换装。

1894 年黄海海战，黄色炸药结合速射炮，发挥了关键作用。“定远”“镇远”舰虽然装甲坚固，但毕竟不是全钢结构，结果很多舱室被日舰炮弹击中后燃起大火。特别是“定远”舰，曾被一发 240 毫米炮弹击中首楼甲板下，燃烧产生的黄色、黑色浓烟笼罩全舰，4 门 305 毫米主炮都无法瞄准射击，完全丧失了攻击力。“致远”舰正是在这种情况下，为了给“定远”舰争取灭火时间，舍身前冲，挡住日舰炮火，结果多处被击穿，最后战沉。北洋水师最先损失的“扬威”“超勇”舰，也主要是因为被大火重创。

其实在甲午战争前，人们对军舰各方面技术的尝试还有很多。比如鱼雷艇在 1877 年出现，追求小艇打大舰；有同样追

求的还有“蚊子船”，在小船上配备大口径舰炮。还有撞击巡洋舰，来源于1862年汉普顿锚地海战和1866年利萨海战的胜

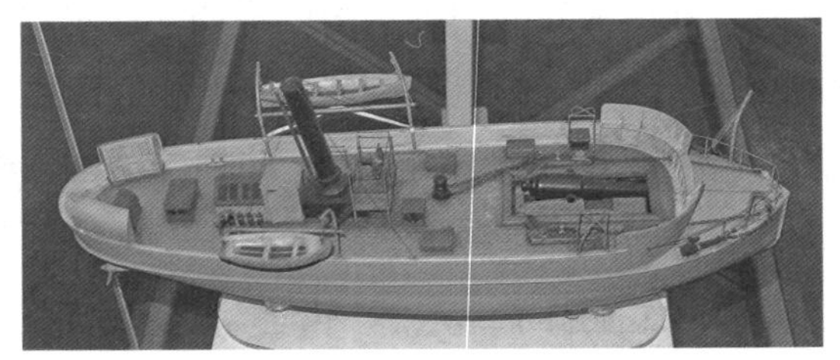

(a)1870～1879年间，英国建造了24艘“蚂蚁”级炮艇，排水量只有254吨，长度不过26米，却装一门254毫米大炮。

(b)意大利“卡斯托雷”级炮艇，排水量667吨，长度35.1米，配一门400毫米口径的大炮。

图2.1.10 “蚊子船”

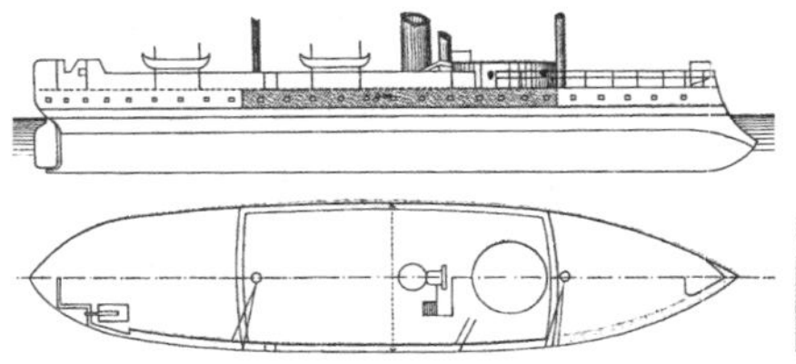

英国1871年建成服役的“热刺”号铁甲撞击舰，虽然配有一门305毫米舰炮，但其主要武器是船首水线下的撞角。

图2.1.11 铁甲撞击舰

英国1881年建成服役的“独眼巨人”号鱼雷撞击舰，只配置一门25毫米机关炮，船首有一个撞角，它打开前盖后，还是一个356毫米的鱼雷发射管。舰上还有4个鱼雷发射管，横着布置在船体中部，向两侧发射鱼雷。

图2.1.12　鱼雷撞击舰

利经验。水下撞角还被当作仅次于大炮、鱼雷的第三大武器，“扬威”“超勇”号就是撞击巡洋舰。最后，这些设计有的成功，有的失败，有的很快过时，但不经历实战，谁都无法判定结果。

1877年日舰“扶桑”号下水，为当时亚洲最强大的军舰，也正是因为它，清廷推动了铁甲舰计划。可是到甲午海战时，“扶桑”号已沦为落后军舰。1881年“定远”“镇远”舰下水，成为亚洲最强大的铁甲舰，这个殊荣保持到了甲午海战。1887年“经远”“来远”舰下水，是亚洲一流的装甲巡洋舰。

因此，在1887年，北洋水师无愧于“东亚第一舰队”的称号。但随后短短几年，日本一批新舰下水，快船、快炮结合新式火药、光学仪器，优势很快转变。到7年后的甲午海战时，除了“定远”“镇远”舰尚保持装甲优势，其它各舰都显得落后了。

而日本海军，不能说他们高瞻远瞩，因为他们其实也不知道正确方向，但他们抓紧机会尝试新东西。口径超过对手，射速超过对手，黄色炸药、光学测距仪也都要试一下。结果最后，“松岛”等三舰的大口径舰炮成了笑话，但另外几样有幸试对了。

19 世纪末期，在工业革命的推动下，军舰作为工业技术最集中的兵器，发展速度不输于现代。不过当时的实战检验机会极少，甲午海战前只有俄土战争，以及南美洲三国的太平洋战争。甲午海战是由两个刚从冷兵器时代进入热兵器时代的封建制国家来试验工业强国们的创新设计，结果自然是难以预料。

2.2　战列舰，大炮巨舰的成熟

从 1894 年的甲午战争到 1904 年的日俄战争，铁甲舰逐渐成熟，也形成了一套比较适合自己的海战战术。这种战术和几百年前风帆战舰时代的战术有点类似，也是以纵列队形为主。铁甲舰的名称也因此大多恢复为战列舰，当然含义和风帆时代已经不同。为了让自己的火炮方便射击，敌方火炮难以发挥，双方的战列舰单纵队都要尽量抢占 T 字形的横头位置。

结合这种战术，战列舰的发展就是如何加强火力、提高防护。在舰上布置尽量多的炮塔、大口径火炮，而且都有开阔的射界，是提高火力的主要手段，但这会让防护变得困难。比如把炮塔都布置在中线，那么向左右方向射击时，全部火力都能发挥，可这样舰艇会很长，增加了需要防护的面积，也不利于船体结构。

另外，在这十年间，鱼雷、水雷等新式武器也越来越成熟，即便是战列舰也感受到它们的巨大威胁。比如几十吨的鱼雷快艇，只要能靠近目标，就可能用一枚鱼雷消灭一艘上万吨的战列舰。为了对付它，人们发明了驱逐舰。早期驱逐舰更像

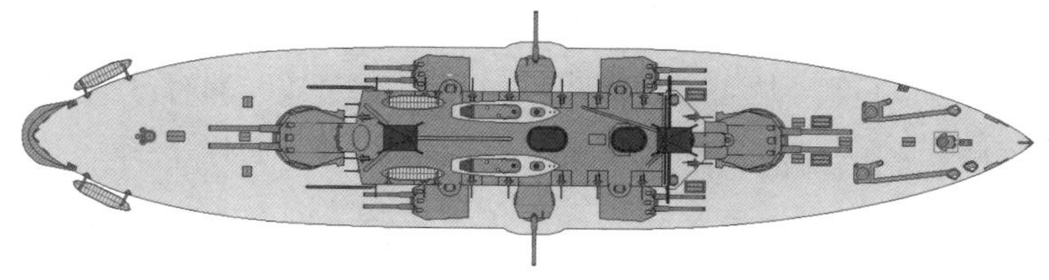

(a)英国“纳尔逊爵士”级战列舰，前后共2座双管305毫米的主炮，侧面有4座双管和2座单管的234毫米二级主炮，舰桥上方周围还有24门76毫米副炮。

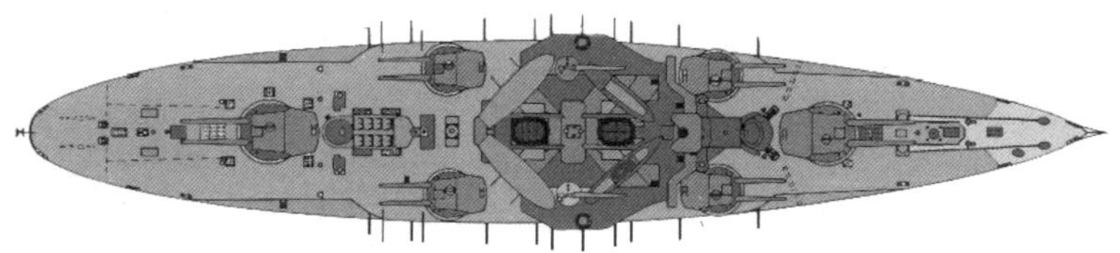

(b)奥匈帝国的“拉德茨基”级战列舰，前后是2座双管305毫米主炮，侧面4座240毫米二级主炮，舷侧20门100毫米速射炮。

(c)美国“弗吉尼亚”级战列舰，主炮塔很特别，不仅有2门305毫米主炮，上方还有2门203毫米二级主炮。侧面，它不仅有一座双管203毫米的炮塔，还有6门从舷侧伸出的152毫米副炮。舰桥周围还有12门76毫米炮和12门47毫米机关炮。

图2.2.1　20世纪初的几型战列舰的火炮配置方案

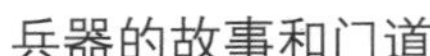

是大号鱼雷艇，本身也配有更多的鱼雷发射管。于是，战列舰还得配上数量不少的中小口径副炮，以拦截小巧灵活的鱼雷艇、驱逐舰；舷侧水线下，也要加强装甲、隔舱等防护手段，以应对鱼雷、水雷爆炸，它们炸一下，威力比炮弹还大。

如何照顾到各方面，减少危险隐患，战舰设计师们要反复权衡，也有不同取舍。实战就是对这些权衡取舍的检验，而且是残酷的检验。从1904年到第一次世界大战，都有战列舰因为难以想到的疏漏，在海战中一命呜呼。

1904年2月8日午夜，日本不宣而战，用鱼雷艇偷袭旅顺口外锚地的俄国太平洋舰队，16枚鱼雷命中3枚，重创3艘俄国最新的战舰。这不仅让日本海军夺得制海权，还严重打击了俄国太平洋舰队的士气。

3月8日，马卡洛夫来到旅顺，接任太平洋舰队司令。他是俄国海军名将，还有很高的科学素养，是海洋学家和极地探险家。在当时沙俄海军一大批平庸的将领中，他可谓凤毛麟角，世界上首次用鱼雷艇击沉大舰，就是年轻的马卡洛夫指挥的。他的到来犹如给俄国太平洋舰队打了一剂强心针。3月11日后，他率领舰队频频出港，既打退日军进攻，又见好就收，扭转了消极防御的态势。

图 2.2.2　俄国海军将领斯捷潘·奥西波维·马卡洛夫

但是在1904年4月13日，一枚水雷终结了俄国舰队的希望。那天马卡洛夫率领舰队出港迎战，发现日军主力舰队等在那儿，于是他当机立断决定返航。不料日军头天深夜在港外秘密布放了水雷，而马卡洛夫乘坐的“彼得罗巴甫洛夫斯克”号战列舰恰好触雷。一枚水雷威力是大，在那个时代炸沉一艘战列舰也不稀奇，但还不至于让司令官都丧命。可这枚水雷引爆了舰上的锅炉、弹药库，一串连续爆炸，让该舰很快沉没，马卡洛夫也阵亡。俄国太平洋舰队的士气又被打了回去。

图2.2.3　“彼得罗巴甫洛夫斯克”号战列舰触雷引爆锅炉、弹药库

挨到1904年6月，日军从陆上包围旅顺，俄舰队留在港内只会被动挨打。8月7日，俄国舰队开始突围，此时他们还有6艘战列舰、4艘巡洋舰、14艘驱逐舰，部分突围成功还是可能的。而且日本舰队没想到俄国舰队是突围，还以为对方是出港决战，等到发现时，已被甩下15海里，天黑前无法追上了。这样下去，俄舰甚至能利用夜暗成功突围。可这时俄舰居然停了一会儿，等待一艘战列舰修补漏水的破损，它在港内被炮弹击中过水线下方，这次只采取了一点临时补修措施就出港了。

日舰追上来，双方平行航行，互相炮击。俄舰队集中火力

射击日本旗舰，重创对方。如果一直对打下去，俄舰还有突围希望。不料在 5 点 40 分，一发炮弹恰好命中俄军旗舰的舰桥，弹片还恰好击中舰队司令官。该舰的操舵装置被毁，战舰不断向右转弯，闯入己方编队，使俄舰队形大乱。俄舰队司令官又没指定接班人，结果其它俄舰开始溃散，大多数逃回旅顺，直到日本攻陷旅顺。

俄国在旅顺被围时，还从波罗的海派出增援舰队，花 220 多天环绕大半个地球前来救援，但他们还没赶到，太平洋舰队已全军覆没。进退两难的增援舰队打算偷偷经过对马海峡，逃往海参崴，结果还是被日本舰队堵上了。这次对马海战，俄舰不仅实力弱，而且因为长期航行，船体状况很差，最后所有战舰被日军击沉 21 艘，俘虏 9 艘，而日军只损失了 3 艘鱼雷艇。

劳师远征，俄舰必败无疑，但也不至于打成这样一边倒的局面。为了堵住俄舰逃跑方向，加上海面有雾造成距离判断失误，日军指挥官东乡平八郎曾命令舰队在俄舰队左前方做 180 度大转弯。当时这让双方军官都大吃一惊，因为这样日舰无法开炮，只能成为俄舰的靶子。但俄舰没能利用这几分钟取得相应战果，只打坏日方一艘装甲巡洋舰的舵机，让它退出战斗，其它日舰都只有不同程度的轻伤。这一方面可以说是日舰运气太好，另一方面也是因为当时战列舰在火力指挥上的技术进步明显落后于舰炮发展，舰炮配备、布局等总体设计还没有完善。

1906 年，英国根据几次海战特别是对马海战的实战经验，秘密建造了一艘“无畏”号战列舰。它取消了中口径副炮，统一为10门305毫米大炮，装在5个炮塔上。这样弹道统一，能集中指挥，不再像过去那样各炮塔各自瞄准，舰炮能对七八千米外的目标进行集中射击，提高命中率。

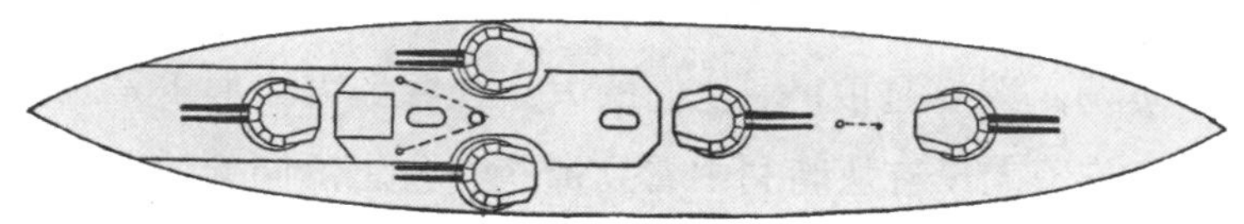

图2.2.4　英国“无畏”号战列舰及其主炮炮塔布局

“无畏”号被看作海军史上的一次革命性发展，此后设计的战列舰都学习了它这一点——配备一种大口径主炮。当然，为了对付鱼雷艇，它们还是装有副炮的，不过口径只在100毫米左右，不参加和敌方大舰的对战。这些战列舰被称为“无畏舰”，而以前那些口径繁多的被称为“前无畏舰”，此后那些火炮口径越来越大的被称为“超无畏舰”。

战列舰进入无畏舰时代后，主炮的口径和数量以及炮塔的布局，依然与装甲防护、航速是个矛盾。英国为了对付航速快的巡洋舰，又发展出战列巡洋舰，它的主炮口径与战列舰相当，但削弱防护，省下重量去提高航速。英国人的战术是：碰上战列舰，它可以跑，打一打也行，主炮能威胁到对方；碰上巡洋舰，它的火力占据绝对优势。

此后其它国家也跟着发展战列舰、战列巡洋舰，但在具体细节上，各国有不同的想法，也是在不断尝试。比如英国人偏重大口径舰炮，德国人则更重视装甲防护。第一次世界大战的海战，检验了双方的设计思想。

1915 年 1 月 24 日，英德两国的战列巡洋舰在北海的多格尔沙洲进行了第一次交战。德国一艘装甲巡洋舰被击沉，一艘战列巡洋舰被重创，伤亡 1 000 多人；英国只有“雄狮”号战列巡洋舰遭重创，伤亡约 100 人。

英国军舰算是取胜，他们的大口径舰炮思路似乎是正确的，但英国人没有从胜利中看到那些和预想不同的地方。比如舰炮射击距离远远超过此前大家设想的 10 000 米，都超过 15 000 米了，这让炮弹最后落向目标舰时，下落角度更大，更有可能撞击水平甲板，而不是舷侧。当时战列舰的舷侧装甲多为两三百毫米，战列巡洋舰多为一两百毫米，水平甲板的装甲则都是一百毫米左右。其中，德国舰的装甲普遍比同期英国舰的要厚一点。

德国人则从此战的损失中看到水平甲板的薄弱，而且发现炮塔起火爆炸是致命伤。他们马上采取措施，把炮弹和发射药进一步分开，而且分别装在两个钢筒内。德国人的谨慎一年后就取得巨大成效。

1916 年 5 月 31 日，第一次世界大战中最大的海战——日德兰海战爆发，英国人很快为自己的疏忽付出了代价。

双方首先是战列巡洋舰对战，英国6艘对阵德国5艘。开始对射后不过11分钟，英国“雄狮”号战列巡洋舰被击中一座炮塔，火焰窜向下面的弹药库。炮塔内唯一幸存的军官不顾个人安危，下令向弹药库注水，才避免了弹药殉爆。

又过了4分钟，“不倦”号战列巡洋舰被大口径炮弹命中3发，失火后退出战斗。在撤离过程中，它的前炮塔附近被击中两次，这次没能拦住弹药库的殉爆，该舰立刻沉没，全舰一千多名官兵只有几人幸存。再过25分钟，“玛丽女王”号也发生可怕的爆炸，1 275名官兵只有9人获救。

此后双方其它战列舰、战列巡洋舰加入战斗。双方都有很多战舰被重创，而德国舰队在数量上处于劣势，最后决定撤退。此时，英国第三战列巡洋舰分舰队的“无敌”号被炮弹穿透水平装甲，引发弹药库爆炸，司令胡德少将和舰上一千多名官兵丧生，只有6人生还。

当晚，德国放弃了重伤的“吕佐夫”号战列巡洋舰。双方零星交火后，海战结束。

英国人通过此战，总算认识到自己忽略防护的恶果，以及战列巡洋舰并非好的选择。但是他们还有一艘最新的战列巡洋舰已经订购，正准备开工，它设计排水量3.68万吨，超过了同期的战列舰。看到日德兰海战的结果，英国人把它的舷侧装甲增加到305毫米，和战列舰一个级别，排水量也升到了4.26万吨。该舰在3个月后开工。随着一战结束，该级舰的后面三艘都被停工，只造出这第一艘，命名为“胡德”号。

这不是为了纪念日德兰海战中牺牲的霍勒斯·胡德少将，而是纪念18世纪的英国海军上将塞缪尔·胡德。胡德家族曾为英国皇家海军贡献过多位著名将领，这艘“胡德”号战列巡洋舰也是第四艘以“胡德”命名的军舰。它是英国建造的最后一艘战列巡洋舰，1920年5月开始服役，是当时世界上最大的军舰，被视为英国皇家海军的骄傲，多次作为展示英国国威的礼仪舰巡游世界。

到第二次世界大战时，“胡德”号虽经多次改装，但轻视防护埋下的隐患仍在，而且还是那么致命。1941年5月24日，它和“威尔士亲王”号战列舰一起拦截德国“俾斯麦”号战列舰。交战不到6分钟，一发380毫米炮弹贯穿水平甲板装甲，又是引发弹药库爆炸，4万多吨的战舰两分钟后就从海面消失，全舰1 421名官兵，只有3人幸存。

图2.2.5　英国“胡德”号战列巡洋舰

在以战列舰为代表的巨舰大炮时代，防护问题是最令设计师们揪心的，因为谁都无法面面俱到，而且还要与火力、动力相配合。一枚水雷，或一发炮弹，都有可能点中万吨巨舰的某个死穴，谱出海战中的一曲悲歌。

三、创新有繁有简

在兵器技术的发展道路上，人们经常像上一节提到的战列舰的设计一样，在火力、装甲这样的矛盾之间纠结，最终难免还是会留下一些漏洞乃至死穴。要想让兵器的性能得到飞跃性提高，完全占据上风，更多的还是要靠创新的技术、战术。不过创新之路也不好走，有时目标不明确，走得太慢；有时目标明确，却又欲速则不达；有时复杂创新效果好；有时复杂创新却成了鸡肋甚至祸根，简单创新反倒效果好。

3.1　航母，在怀疑中崛起

现在大家都知道，战列舰的海上霸主地位在二战中被航空母舰很快取代，一些名噪一时的战列舰被航母击沉。但是在航母发展之初，人们并不清楚它究竟有哪些特长与潜力，以及应该如何建造、使用航母，也看不出航母能够取代战列舰。

说起航母的出现，一定程度上还与上一节提到的日德兰海战有关。当时飞机、飞艇都曾参战，但没有发挥多大作用，一方面是性能不够，另一方面也是受恶劣天气影响。日德兰海战后，德国舰队龟缩在基地，不再出来和英国主力舰队进行海上

较量，于是英国海军想到用飞机、鱼雷去攻击停泊在港口的敌舰。在1915年，英国的水上飞机就成功地对锚泊的军舰进行过鱼雷攻击，可是现在攻击战列舰，需要更重的鱼雷，飞机也得更好。结果这个设想还没付诸实施，一战就结束了。在一战结束前，英国已经有了由建造中的巡洋舰和客轮改建而成的航空母舰。

战后人们不再那么紧张，为了获胜可以天马行空地设想新兵器。对于飞机、航母的作战效能，大家有不同看法。试验似乎是个好办法，但也无法做到全面与公正。比如1921年6月，美国开始进行一系列飞机攻击舰艇的试验。先炸沉了潜艇、驱逐舰、巡洋舰各1艘，不过它们都是老式的小军舰。7月20日，试验目标是一艘参加过日德兰海战的2万吨德国战列舰。海军的飞机投了34颗小炸弹，命中6颗；然后陆军轰炸机投了大批270千克炸弹，命中2颗，结果是该舰甲板都没有明显受伤。第二天，8架轰炸机投了16颗450千克炸弹，6颗命中，可该舰经过检查，还拥有航行能力；下午，陆军轰炸机带着当时最大的900千克炸弹飞来，1颗命中，2颗近弹，不灭火不堵漏，可目标舰还是过了很久才沉没。

对于用陆军轰炸机投掷最大炸弹，击沉一艘不规避、不反抗、不自救的战列舰，各方当然会有不同看法。飞机派认为这“证明飞机具有摧毁任何水面舰种的能力”，战舰派则认为这根本没意义。后来美国还进行了一些试验，海军的结论是“今天的战列舰遭到飞机攻击虽会受伤，但其结构使它的防护仍然十分有效……未来战列舰的设计应该在甲板和两舷分配装甲，更细地规划内部舱室，以便在遭到飞机攻击时不致造成致命的破损……不能说飞机的攻击会淘汰战列舰。”潜台词就是：今天的飞机只能伤一伤战列舰；飞机会进步，战列舰也会进步。从试验结果看，得出这样的结论也很符合逻辑，没理由认为陆军轰炸机肯定能战胜战列舰。至于航母的舰载机，能力当然要比陆军轰炸机更弱。

英国人也抱有类似的看法，而且在一战末期，他们就认为航母的最佳用途是反潜、护航，并在实战中取得不错效果。当时德国潜艇看到飞机后，总是下潜规避，英国运输船也就安全了。而且执行这种任务，舰载机不需要带大型弹药，甚至不带都可以，因为潜艇可不敢赌那架飞机没炸弹。

于是，在1939年二战开战时，英国把自己的航母编组成一些小分队。有3艘航母分别和数艘巡洋舰、战列巡洋舰组成3支舰队，去搜索2艘溜入大西洋的德国袖珍战列舰，阻止它们破坏海上运输线；有4艘航母各自带上4艘驱逐舰，在英伦三岛周边对付德国潜艇。

结果在9月14日，“皇家方舟”号航母受到德国潜艇的鱼雷攻击，幸亏德国鱼雷的定深装置和引信有问题，躲过一劫，保护它的驱逐舰还用深水炸弹重创了德国潜艇。3天后，“勇敢”号航母则没了幸运，被3枚鱼雷命中，这艘先进的大型航母沉入大海，578名官兵遇难。这比后来“皇家橡树”号战列舰被德国潜艇偷袭击沉，损失还要严重。实践证明，大型航母不适合反潜作战，于是英国马上撤回了其它航母编队。

英国“勇敢”号航母是二战中英国损失的第一艘航母。

图 3.1.1 英国“勇敢”号航母

1940 年 4 月德国入侵挪威，英国派“暴怒”号航母参战。它的鱼雷机攻击了一艘德国驱逐舰，还为己方驱逐舰提供情报。4 月 10 日，15 架从陆地起飞的舰载俯冲轰炸机，用 3 颗 125 千克炸弹击沉了一艘德国轻巡洋舰，为挪威战役做出了贡献，这是飞机第一次在实战中独立击沉一艘较大战舰。

航母似乎扳回一局，但好景不长。1940 年 4 月下旬，“皇家方舟”号及其姊妹舰“光荣”号接替“暴怒”号。随后法国战败，英军要从挪威撤退。6 月 7 日，“光荣”号回收了一些从挪威撤离的飞机后开始返回英国。第二天，它意外遭遇两艘德国战列巡洋舰。它的飞行甲板上摆满了战斗机，“剑鱼”式鱼雷机还来不及起飞，德国军舰从 24 000 米外射来的炮弹就击中了航母甲板。“光荣”号和护航的两艘驱逐舰都被击沉，总共只有 46 人幸存。即便英国航母的鱼雷机能够起飞，也改变不了结果，因为冒死掩护航母的驱逐舰就曾用一枚鱼雷击中一艘德国战列巡洋舰，但没多大效果。5 天后，“皇家方舟”号航母派出俯冲轰炸机，还有从陆地起飞的“剑鱼”式鱼雷机，攻击那艘在港修理的战列巡洋舰，但两次攻击都没成功。

可以说，二战开始后的头一年，航母基本上被潜艇、战列舰打得无还手之力。以后航母才开始取得一系列突出战果，但我们细看之后，又会发现这些战果是建立在敌方疏忽大意，或己方异常强大的基础上。

1940 年 7 月，英国“皇家方舟”号航母参与袭击凯比尔港内的法国军舰，此时法国已战败投降，法国海军官兵们毫无斗志。11 月，“光辉”号航母空袭塔兰托港，重创 3 艘意大利战列舰。这被称为航母的经典一战，但究其原因，恐怕更多是因为意大利舰队麻痹大意得实在是夸张，基本的防雷网、防空气球、高炮等防御装备都没准备好。

不过航母还是表现出一个显著优点——攻击距离和灵活性超过战列舰。航母可以不断寻找机会偷袭敌方港口，只要对方疏忽大意，就能取得不错战果。但注意是偷袭，不是强攻。

打对方行动的大型战舰，航母还没优势，与敌方的陆基飞机对抗，航母更是危险。比如塔兰托被空袭后，看意大利人打不过英国海军，德国便把一个精锐航空队派到地中海。他们采取佯攻战术，由意大利鱼雷机调开“光辉”号航母的战斗机，然后德国轰炸机空袭航母，先后有 6 颗炸弹命中，重创“光辉”号，迫使它离开地中海到美国去维修。航母的作战能力再次面临怀疑。

随后，英国航母参加了对德国“俾斯麦”号战列舰的围剿。先是“胜利”号航母的“剑鱼”式鱼雷机攻击了“俾斯麦”号，但只命中一枚鱼雷，而且这种 457 毫米的鱼雷要比军舰上发射的小很多，只给“俾斯麦”号的外壳造成了一点擦伤。然后是

“皇家方舟”号出动的鱼雷机发动攻击。第一次攻击，把己方的“谢菲尔德”号巡洋舰当成了“俾斯麦”号，投下11枚鱼雷，所幸无一命中，但他们发现鱼雷有提前引爆的毛病，赶紧改用触发引信。第二次攻击“俾斯麦”号，13枚鱼雷命中2枚，击中舷侧的没造成多少伤害，但击中右舷尾部的鱼雷碰巧把舵炸坏，使“俾斯麦”号的方向控制能力大大削弱，没法逃回港口。第二天，它被英国主力舰队的2艘战列舰追上，最终被击沉。这一次，航母舰载机命中船尾的那一下算是关键一击，但最终击沉德国战列舰的还是英国战列舰。

二战初期，因为德国鱼雷有问题，英国“皇家方舟”号航母躲过一劫。但一年后，它还是被德国潜艇击中，挣扎了14个小时后沉没。还差3天，它就服役满三周年了。

图3.1.2　正在沉没的英国“皇家方舟”号航母

看来航母还是偷袭好，于是日本学习英国偷袭塔兰托港，不宣而战地用航母偷袭了珍珠港。这一战的运气成分也很大，但让大家看到航母在攻击对方港口、岛屿时，效果确实要比战列舰强。不过还是得偷袭，强攻未必能行。因此日本舰队的作战思想，仍停留在“巨舰大炮主义”。其实美国人也是一样。后来的珊瑚海海战是第一次发生在航母之间的对战，不过这是由于两国海军都因为战损、维修，派不出战列舰了。

到中途岛海战时，日本舰队制定出一个以战列舰为主力、航母当前锋的战术并不算奇怪，因为单靠航母没法确保消灭美国航母，何况日本航母还要负责压制中途岛上的美国陆基飞机。实战表明，4艘大型航母确实无法压制中途岛上的陆基飞机，需要进行第三次空袭，但日本舰载机在匆忙挂弹中留下了巨大的安全隐患。美国人也认为自己的航母无法与日本舰队直接对抗，于是极力隐藏自己的位置，准备利用情报优势偷袭。美国舰载机恰巧碰上了千载难逢的好机会——日本舰载机挂弹留下了隐患。结果4艘日本航母平均只被2~4颗炸弹命中，就引起弹药殉爆，无法挽回地沉没。这就跟日德兰海战中，大口径炮弹击中战列巡洋舰的弹药库一样。

严格说起来，此战美国航母打败的只是日本航母，并没有击败战列舰。日本舰队损失航母后，想用战列舰夜间追击美国航母，而美国航母赶紧躲开，第二天再回头攻击，击沉一艘重巡洋舰。

经过中途岛一战，人们才彻底看到可以用航母击败战列舰，不过要在白天。

图3.1.3　中途岛海战中被击中的日本“飞龙”号航母

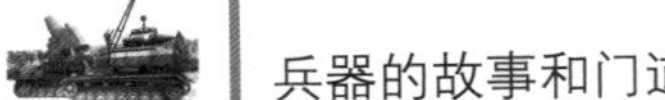

随后美国加紧建造更多更大的航母，日本由于工业能力弱，只能干瞪眼。其实不仅航母，美国在战列舰上也是很快进步，开始占据压倒性优势。1943 年 6 月到 10 月的新乔治亚群岛战役中，双方投入的就多为战列舰、巡洋舰乃至驱逐舰，夜间进行海战。开始日舰胜多负少，后来美国巡洋舰配备了雷达，占据了很大优势。

从航母、飞机的数量对比，我们也可以看出差距主要在哪里。1942 年 6 月的中途岛海战时，美国 3 艘航母对阵日本 8 艘（主力只有 4 艘）；到 1944 年 2 月马绍尔群岛战役时，美国一次出动 12 艘航母，舰载机 700 余架，而日本守岛的陆基飞机加起来也只有大约 100 架。

到 1944 年的莱特湾海战，美国共出动航母 35 艘，舰载机 1 280 余架。发现日本战列舰后，美国航母的 250 架舰载机先后进行了 5 次攻击，历时 5 个小时，其中 60% 对准了“武藏”号战列舰，一共命中了 20 枚鱼雷、17 颗重磅炸弹，还有 20 颗近弹。后来的 1945 年 3 月的冲绳战役，日本“大和”号战列舰只有 1 艘轻巡洋舰、8 艘驱逐舰护航，美国航母也是轮番攻击 5 次，每次舰载机都在百架以上。

可见，航母完胜战列舰，一方面是因为力量对比悬殊，如果以 30 艘美国战列舰对阵 10 艘日本战列舰，也能完胜。但另一方面，30 艘航母的灵活性要远超 30 艘战列舰，能够早早向对方发起反复攻击。而且航母能选择其中部分目标，进行重点打击。反过来，战列舰要想抓住航母就很难了。莱特湾海战中，损失“武藏”号的日本舰队还是骗过了美国主力航母，碰上了6艘美国护航航母。护航航母的航速只有战列舰和巡洋舰的一半，只有1门127毫米炮、2门76毫米炮，舰载机最多只能带21架，平时主要是给登陆部队提供火力支援。可是“大和”号等4艘战列舰、8艘巡洋舰追打了两个多小时，也只击沉2艘护航航母和3艘驱逐舰，自己反倒有3艘巡洋舰受伤，队形混乱，疲惫不堪。最后，对美国主力航母的攻击力胆战心惊的日本战列舰只能放弃眼前的弱小目标。

“大和”号战列舰的排水量、装甲、主炮口径都是当时最大的，但在海战中遭遇大量航母舰载机后，它也难以应付。

图3.1.4　“大和”号战列舰及其舾装中的后主炮

直到这时候，航母碾压战列舰的局面才算形成，但这也是有几个前提条件的：航母采用编队形式，具备强大攻击力，不能单舰；舰载机相对敌方飞机，包括陆基飞机，也要占有很大优势；海域开阔，适合己方机动，避免夜战；护航力量强大。

3.2　航母和舰载机，在创新中成熟

航母作为与过去的战舰完全不同的兵器，战术上的创新与成长是关键。在上一节我们已经看到，经过一些探索包括失败，人们才找到了运用航母的最佳方法。

不过英国人最初的设想也不算全错，后期专门建造的护航航母就在大西洋的反潜战、太平洋的登陆战中，发挥出很大作用。早期用航母反潜失利，一是因为用的航母过大、太贵，效费比低；二是因为当时声呐技术还不够好，保护航母的驱逐舰不能及早发现潜艇。

美国二战中建造的“卡萨布兰卡”级护航航母虽然只能搭载十几架飞机，航速不超过 20 节，但能伴随登陆部队作战，随时提供火力支援。

图 3.2.1　美国“卡萨布兰卡”级护航航母

也有很多设想与创新被证明是无用的。比如英国海军曾认为航母的最佳用途是侦察、反潜，还认为航母本身也要具备一定的炮战能力，可以应对敌方驱逐舰等轻型舰艇，因此他们

可以看到舰岛前后还各有两座双联装的 203 毫米炮塔。

图 3.2.2　美国“列克星敦”级航母

认为航母上要配备足够数量的100毫米以上火炮。美国人也部分接受了这种思想，用战列巡洋舰改装的2艘“列克星敦”级航母就配有4座双联装的203毫米炮塔。后来美国新造及改造航母时取消了这类大炮，换成127毫米高平两用舰炮，40毫米、20毫米的高炮也从三五十门增加到一百多门。

英国在建造“皇家方舟”号航母时，还非常重视空气动力学，连岛式上层建筑也设计成翼形，以减少湍流对飞机降落的影响。当时英国的舰载机还不是全金属结构的，湍流确实可能破坏飞机结构。同期的美国航母则不管这些，因为他们的飞机很“糙”，皮实。后来的技术发展，证明英国人这个细致设计确实没有必要。

把舰桥、桅杆、烟囱等上层建筑集中在甲板一侧，形成一个舰岛，是航母发展的一个重要创新。如何布置它，也经过了不断的摸索。曾有人提议取消舰岛，让飞行甲板彻底空旷。英国“暴怒”号航母大改装时，就取消了舰岛，改为伸缩式驾驶台。美国人设计“突击者”号航母时就没有舰岛。不过后来

图3.2.3　没有舰岛的英国“暴怒”号航母

人们发现，舰岛对航行、指挥非常必要，而且降落时可以给飞行员提供飞行高度的基准点，使飞机对准跑道。

所以，舰岛还是得有，可是放左边好还是放右边好呢？英国人很早在实践中发现，飞行员在突遭意外、打算转弯时，总是喜欢往左转，因此舰岛如果放在左边，降落时出现意外事故的概率要比放在右边高。日本人则把某些航母的舰岛设计在左边，比如“赤城”号、“飞龙”号，把另一些航母的舰岛设计在右边，比如“加贺”号、“苍龙”号。他们的想法是：两艘航母并列航行，左边的舰岛在右，右边的舰岛在左，这样它们的舰载机在准备降落时，就能分别进行左右向盘旋，不在空中发生交通冲突。很细致的想法，但实践证明它多余了。

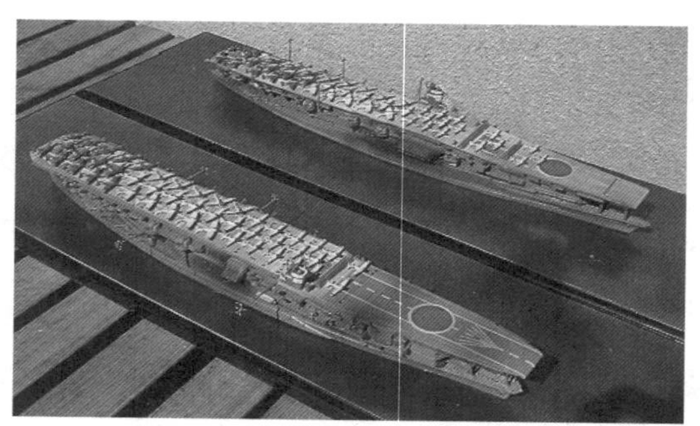

上面是“赤城”号，舰岛在左舷，下面是“加贺”号，舰岛在右舷，它俩几乎一直都是组成一个编队作战。还有“飞龙”号和“苍龙”号也如此，也是组成一个编队。

图 3.2.4　“赤城”号和“加贺”号航母的模型

日本还在“赤城”“加贺”号航母上弄出三层飞行甲板，下面两层专用于起飞，后半截是机库。建成后很快发现不实用，于是下面的两层甲板被取消，改成机库。

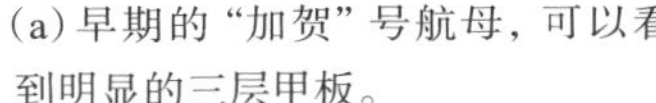
(a) 早期的“加贺”号航母，可以看到明显的三层甲板。

(b) 改装后的“加贺”号。

图 3.2.5　“加贺”号航母

美国人也在航母上有过一些失败的创新。“约克城”级航母装了三部弹射器，其中一座是横向装在机库内，目的是让飞机起飞更加快速，结果发现它妨碍飞机在机库里移动，很快就拆掉了。

图 3.2.6　一架 F6F 战斗机从“约克城”号航母的机库弹射器起飞

这样的尝试和摸索一直持续到二战前，航母的总体设计框架才变得成熟。美国在 1940 年确定下来的 CV-9 航母方案，就是后来著名的“埃塞克斯”级，成为二战中打垮日本海军的有力武器。美国在战争结束前建成服役了 14 艘这种大型航母，而日本只能东拼西凑地用邮轮、战列舰改装了8艘航母。日本唯一正儿八经设计的“大凤”号航母，刚服役一个月，就被美国潜艇的一枚鱼雷击中，由于损管措施不力，相继引起挥发的燃油、弹药库爆炸，迅即沉没。

1943年的“埃塞克斯”号航母，甲板后半段摆满了战斗机，留下前面一段就足够战斗机起飞。

图3.2.7　美国“埃塞克斯”号航母

二战后，航母很快迎来新的挑战——喷气式飞机。

与活塞式飞机相比，喷气式飞机的起飞、降落速度高出几倍。以前航母只需要几十米的甲板就足够舰载战斗机起飞，因此能让飞机在甲板后部列队准备，然后依次起飞。现在则需要更长的甲板用于滑跑，或者必须借助弹射器才能顺利起飞，降落也变得更危险。而且二战后随着核武器的发展，海军也想拥有核弹投掷能力，在弹道导弹、核潜艇、战略轰炸机出现前，航母搭载的重型攻击机是远程投掷核弹的唯一选择。结果在20世纪50年代，海军想让航母搭载重达30多吨的舰载机，而二战时期它们搭载的最大舰载机也不过 10 吨。喷气式战斗机的重量也很快超过 10 吨，比 5、6 吨的活塞式战斗机高了一倍。

1961 年的“安提坦”号航母，它原本就是二战末期设计的“埃塞克斯”级，经过多次现代化改装后，搭载了喷气式作战飞机。甲板上不能再那么密密麻麻地摆放飞机了，因为起飞降落需要的空间更大。

图 3.2.8　美国“安提坦”号航母

A–5 攻击机是最重、最大的舰载机，正常起飞重量 28 吨，最大起飞重量 36 吨，而同期的著名舰载战斗机 F–4，正常起飞重量 21 吨，最大起飞重量才 28 吨。它的机身长度达到 23 米，比 F–4“鬼怪”舰载战斗机多了 4 米。A–5 原本的设计任务是从航母上起飞，投掷核弹攻击敌方。不过在后来的实战中，它没机会投核弹，因此大多改成了侦察机。

图 3.2.9　美国 A–5 攻击机

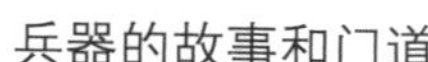

为了应对这种形势，航母需要发展一些新的技术。

提高弹射器的能力，可以解决起飞问题。二战时舰载机大多靠自身动力起飞，也有依靠弹射器的，特别是战列舰、巡洋舰搭载的侦察机。这些弹射器为压缩空气式或液压式，对付几吨重的慢速飞机没问题，而要把十几吨的喷气式飞机弹射到更高速度，力量就差得太多了。

于是英国人发明了蒸汽弹射器：把推动航母前进的主锅炉里的高压蒸汽引入一个长汽缸，推动活塞、舰载机前进。这股高压蒸汽的力量可不小，而且弹射一次后能快速再次弹射。到现在，弹射器都还是航母的一项关键技术。当然，现在正尝试用电磁代替蒸汽。

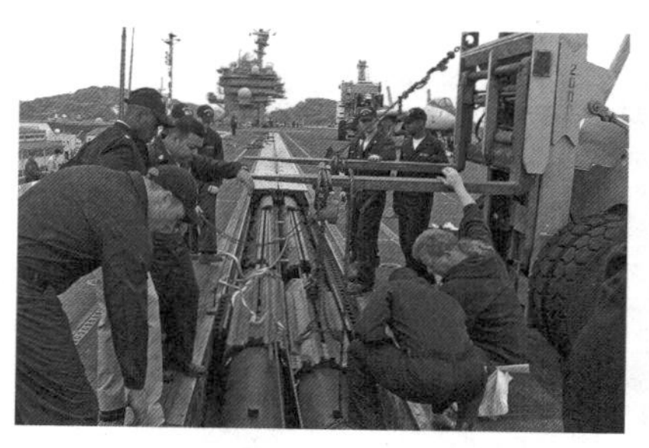

航母上的蒸汽弹射器的核心零件是很多上面有缝的汽缸，组成长长的两条管子装在甲板下，总体结构并不复杂，但是汽缸及其密封垫等的制造工艺水平是能否造出合格蒸汽弹射器的关键。

图 3.2.10　蒸汽弹射器的汽缸及其密封垫

相比而言，降落问题更严重。二战时航母上已经有拦阻索，让舰载机钩住拦阻索后停下。喷气式舰载机还会用它，但危险在于——如果降落失败，飞机没有钩住拦阻索，怎么办？喷气式飞机的降落速度快多了，失误率也会更高；而且它们尺寸更大，更容易撞上前方甲板两边停放的其它舰载机，也不可能为了让飞机安全降落而清空飞行甲板。

英国人首先想到的办法是缩短降落距离，提高降落成功率。他们在一艘航母上试验软橡胶甲板，飞机不需要轮子，直接靠机腹在橡胶上滑行，实现减速。试验表明，这办法有效，可取之处不少，包括让舰载机省下了起落架的重量。但没轮子的舰载机在甲板上移动起来费事，而且它想到陆上基地降落时，还得去有橡胶跑道的专用基地，这一下抵消了它的好处。

最后，斜角甲板成为一个新颖而又简便的解决方法，就是在航母飞行甲板的中部设计一块向左前方突出的部分，然后画出一条斜向跑道，从航母的中心线向左偏几度。这样，舰载机将从航母的右后方飞来，降低，然后降落。如果没成功要复飞，或者失败了摔飞机，也是向航母的左前方飞去、撞去，不会进入飞行甲板前面的停机区和弹射起飞区。

不少二战末期的航母，在后来的现代化改装中加装了蒸汽弹射器和斜角甲板。这是“埃塞克斯”级的“好人查理”号（CV-31）分别在1945、1955、1965年的照片，1955年时它已经加装了弹射器、斜角甲板。

图3.2.11　加装蒸汽弹射器和斜角甲板前后的“好人查理”号航母

还有一项重要发明就是光学助降镜系统。过去活塞式飞机速度慢，飞行员有足够的时间看清飞行甲板，调整降落航线；喷气式飞机速度快，留给飞行员反应、调整的时间短了很多，使其不容易判断自己的航向、下滑角是否合适。光学助降镜系统可以向后面发出几束不同角度、不同色彩的光线，飞行员根据看到的光线颜色，就能知道自己的航线有什么问题。

图 3.2.12　美国“杜鲁门”号航母上的菲涅尔透镜光学助降系统

蒸汽弹射器、斜角甲板、光学助降镜，成为现代航母的关键技术。也正是因为有了它们，二战中成长起来的航空母舰才顺利跟上了喷气机时代的潮流。

3.3　新型舰载机，起降方式的创新

建造航母的那些难题，归根结底，最关键的是如何在一个尽量短的跑道上起降作战飞机。除了海军的舰载机，空军、陆军的陆基飞机其实也有这样的追求。

空军希望降低对机场的依赖性，特别是在进入喷气式飞机时代后。早期的活塞式飞机只需要一段平坦地面（甚至可以是草地）就可以起降，而喷气式飞机都需要上千米的混凝土跑道。人们也针对这一点开发了多种反跑道炸弹，一次攻击就能把跑道截断成几个小段，导致整个空军基地瘫痪。守方相应发展了

一些对抗技术，比如按跑道标准修建一些高速公路，战时可以作为机场；研究快速凝固混凝土等技术，提高跑道抢修能力。

陆军更是希望有能够随地起降的飞机，伴随步兵、车辆作战。直升机成为陆军追求的重点，但和固定翼飞机相比，它的载重量、飞行速度都小很多，作战威力不强。反坦克的武装直升机能充分利用地形优势，作战效果很不错，但是要远距离、大规模地攻击敌方，就难以胜任了。

因此，人们一直希望设计出一种固定翼飞机，既能快速、远距离飞行，又能像直升机那样垂直起飞，至少能在很短的距离内起降。

第二次世界大战中，德国人为了扭转战局，对这一设想倾注了很高的热情。当时最容易想到的办法是把战斗机的起落架挪到尾部，机头冲天停在地面，起飞时头部的螺旋桨直接把飞机“提”上天空，然后再改为水平姿态。

二战末期，德国人曾设想了多种垂直起降的战斗机，基本都是把起落架布置在尾端，机头冲上起飞，动力装置的样式则多种多样。

图 3.3.1　二战末期德国人设想的垂直起降战斗机

但这种设想受限于当时的发动机能力，没法实现。当时最先进的战斗机，活塞式发动机和螺旋桨提供的拉力也只有飞机重量的十分之一，因此要想机头冲天离开地面，飞机重量要降到原来的十分之一。即便考虑到螺旋桨效率提高，也要减重到原来的五分之一。这显然不可能。我们也可以把这种设想看作是增加了大机翼等部件的直升机。当时刚出现实用的直升机，比如美军从西科斯基公司购买的 R-4，机身几乎是个只有发动机、旋翼和必要操纵机构的空盒子，只能带两个人。要想让它变成能快速飞行的固定翼战斗机，要加上机翼、机枪，加固结构，增加的重量比一个人的体重大多了。

图 3.3.2　西科斯基公司的 R-4 直升机

后来，德国人用火箭发动机代替活塞式发动机和螺旋桨，造出了 Ba-349 型垂直起飞的拦截机。它像 V-2 导弹那样垂直起飞，然后飞行员操纵它逼近敌方轰炸机，齐射一些火箭弹进行短暂的攻击。在这之后，飞行员跳伞，发动机部分通过

图 3.3.3　德国在二战末期研制的 Ba-349 拦截机

降落伞回收。因此，它更像是人操作的导弹，算不上垂直起降飞机。

二战结束时，活塞式飞机基本上已经发展到巅峰，推重比超过了四分之一，德国人那种机头冲天、垂直起降的办法似乎有了实现的基础。于是美国人又对此进行了很多试验，研制了XFV-1、XFY-1验证机。这两种验证机都长10米多点，翼展8米多，起飞重量7吨多，最大飞行速度与当时的普通战斗机差不多，但滞空时间只有普通战斗机的四分之一。而且它们的操纵性能实在是差，驾驶它们进行滚转、俯冲、爬升等空战动作时，远不如普通战斗机灵活。主要问题还是动力不足。

图 3.3.4　美国 XFV-1 和 XFY-1 验证机

法国人则把当时刚出现的喷气式发动机引入，研制了“甲虫”验证机。它还采用了非常独特的环形机翼，增加了横滚稳定性，升力效率也比普通机翼高，能减轻

图 3.3.5　法国“甲虫”环翼机

机翼重量。

但上述验证机最主要的问题是，它们垂直着陆时很危险。飞行员从平飞转换为垂直状态，就面临不少气动干扰，不容易调整好姿态和位置；然后机尾冲地往下落，飞行员很难看到地面，判断自己的下落速度，准确地调整油门。因此，这种机头冲天的方案，很快就被放弃。

既然翻转整个飞机有问题，那就只翻转螺旋桨、喷气口，机身还是水平，避免垂直降落时的观察问题，保障安全性。美、德等国对此进行了很多尝试。美国贝尔公司的 XV-3，就在机翼两端布置发动机，通过一套可以转动的驱动轴带动一套旋翼转动。垂直起降时，驱动轴向上弯折 90° ，旋翼带动飞机像直升机那样起降；在空中，驱动轴前伸，旋翼像螺旋桨那样拉动飞机前飞。经过试验，证明这个方法很有潜力，但也存在一些问题。因为动力不强，结构比直升机的旋翼系统还复杂，因此它的悬停能力不如直升机，平飞性能和固定翼飞机相比也差距较大。增加动力，驱动轴系统就会更复杂，在尺寸、重量、可靠性上都带来很多问题。

图 3.3.6　美国贝尔公司的 XV-3 垂直起落飞机

于是，有的设计者让整台发动机都转动，这样除了活塞式发动机，还能采用喷气式发动机。德国研制的 VJ-101 就是最典型的代表。它的机翼两端各布置了两台喷气式发动机，能够整体旋转，座舱后面还垂直放置了两台发动机，这样前面和左右一共三个地方向下喷气，三点平衡。

图 3.3.7　德国的 VJ-101 在平台上进行试验

VJ-101 能垂直起降，平飞时还能达到超音速，可以说很接近实用化了。但有一个问题比较致命，那就是随着对飞行性能要求更高，发动机的推力、重量都需要提高，布置在翼尖上，强度问题比较大，弄不好就压坏机翼。VJ-101 采用的是 F-104 战斗机那样的实心结构钢机翼，短小而坚硬，但尺寸小，因此它和 F-104 一样，高速性较好，但机动性不高，载弹量也小。其它战斗机都是框架结构的机翼，尺寸大很多，而且机翼内要布置油箱，让它们“挑”着喷气式发动机，强度问题很严重。

于是有人设想把喷气式发动机挪到机身中部，改成喷口可以向下旋转。为了平衡姿态，机身前面再布置垂直的发动机。

这种旋转发动机喷口加升力发动机的方式，相对来说比较简便，因此很多国家都进行了尝试。法国的“幻影”Ⅲ－Ⅴ就在机身中部布置了8台升力发动机，实现了垂直起降。但它们占据了太多空间，燃油、弹药都没地方了，因此这架飞机没进入实用。

图3.3.8　法国的“幻影”Ⅲ－Ⅴ

更重要的是，此时美欧各国的战略思想有了变化，强调战斗机必须在速度、航程、载弹量、机动性等方面具备更高性能。垂直起降、不依赖机场的战斗机，作战性能肯定不如同期的普通战斗机，其生存力方面的优点不再那么吸引人。通俗地说，美欧各国的战略思想变成了：作战飞机要，就要好的；机场问题还是通过加固跑道和机库、加强防空等方法来解决。

图3.3.9　英国人研制的“鹞”式战斗机

于是，垂直起降战斗机的研制在美欧各国陷入低潮，原先百家争鸣的几十个研究项目、验证机，纷纷没了资金，偃旗息鼓，只有英国人研制的“鹞”式战斗机成功投入使用。

其实“鹞”式战斗机采用的“天马”发动机的最初原理构想来自于法国人。当时法国人提出了一种实现垂直起降的喷气式发动机——把发动机轴延长，驱动前面几台能够倾斜的离心式压缩机，产生垂直升力；后面的喷口用百叶窗导流片，让喷气向下。英国人在此基础上予以简化——在喷气式发动机的中间开两个口，把一部分燃气引到两侧喷出，最后的燃气也通过两个喷口排出，四个喷口能够旋转，既能向后，也能向下。这样，他们设计出了著名的“飞马”发动机，用一台这样的发动机就能实现垂直起降和平飞。当然，这台发动机要布置在机身中部。

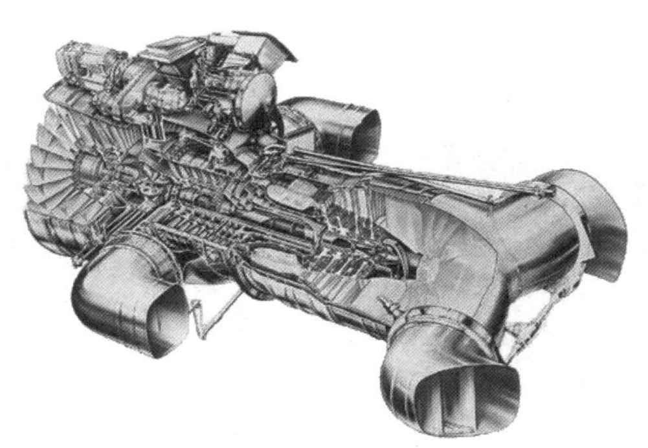

图 3.3.10　“鹞”式战斗机采用的“飞马”航空发动机（两侧四个喷口可以向下旋转）

“鹞”式战斗机在 1969 年开始装备部队，它的作战性能和当时的主流战斗机相比，其实仍有很大差距，特别是在速度和载弹量、航程上。但此时英国已无力维持大型航母，准备建造长度只有200米、排水量不过2万吨的小型航母，它们更适合搭载“鹞”式这样能垂直、短距起降的战斗机。

苏联在20世纪50年代也对垂直短距起降飞机很感兴趣。其中米格、苏霍伊设计局重点关注短距起降飞机，在当时现役战斗机的基础上研制了米格－21PD、米格－23PD、苏－15VD等飞机，都是在座舱后或者重心处布置2~4台升力发动机。雅克设计局则潜心设计能垂直起降的战斗机，重新专门设计总体结构，依靠座舱后的升力发动机和主发动机喷口向下旋转，实现垂直起降。他们的雅克－36验证机获得成功，随后发展出雅克－38，20世纪70年代中期开始服役。他们能够坚持下来，也是因为苏联当时建造的“基辅”级航空母舰个头不大，飞行甲板短，无法携带常规的固定翼飞机。

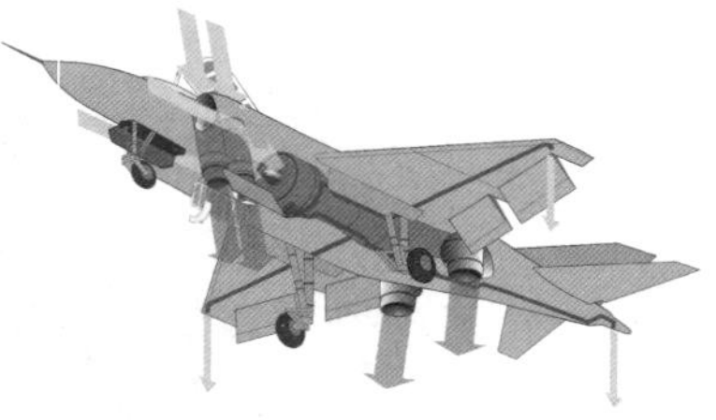

图3.3.11　苏联雅克－38垂直起降战斗机及其发动机系统示意图

英国和苏联这两款垂直起降战斗机，总体来说都表现不错，特别是英国的“鹞”式，在马岛战争中发挥了重要作用。当然它们也存在不少弱点。“鹞”式的“飞马”发动机虽然简单实用，但有一半喷气是从发动机的中间引出，降低了燃油效率，而且机身短粗，阻力大。雅克－38外形更接近普通战斗机，但升力发动机在平飞时就是死重量。这两种飞机除了航程短、载弹少，还有两个共同的问题——垂直起降时，排气吹到地面后反弹，又被喷气式发动机重新吸入，影响其正常工作；高温排气对跑道特别是航母的飞行甲板，烧蚀破坏比较严重。

图3.3.12 “鹞”式垂直起降时高温排气对飞行甲板、人员都有不利影响

进入21世纪后，随着涡轮风扇等技术的发展，过去一些不容易实现的设想可以再次尝试了，就像当年美国人曾经重试二战中德国人机头冲天起降的设想。

美国洛克希德·马丁公司研制JSF垂直起降战斗机时，就把“飞马”发动机之前法国人的那个设想做了些改动创新——发动机轴延长，驱动前面一个竖立的涵道式风扇，产生垂直升力。这要比以前的空气压缩机更有效。与雅克－38的喷气式升力发动机相比，其重量轻些，而且吹下去的是普通空气，不影响发动机吸气，对跑道的烧蚀也少。最后他们的方案中标，这就是现在著名的隐身战斗机F－35系列中的F－35B。

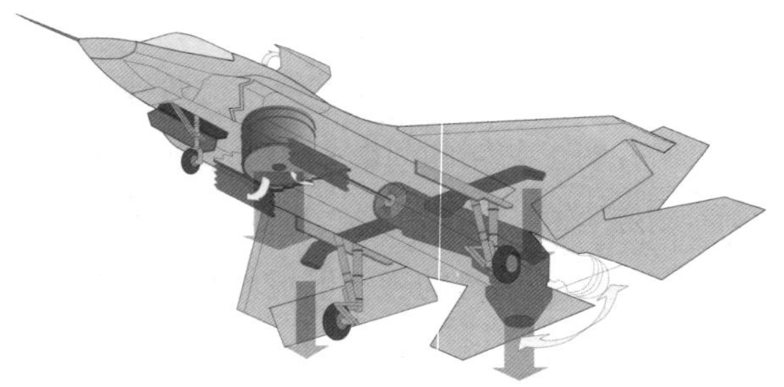
图 3.3.13　F-35B 的发动机系统示意图（虽然后面喷出的还是高温燃气，但前面是冷空气了）

图 3.3.14　F-35B 正在垂直起降

不过，这个涵道式升力风扇，技术要求可不低，F-35B 的研制进度就曾因为它而被拖延。

垂直起降的路不止一条。前面提到贝尔公司的 XV-3 是在机翼两端布置活塞发动机，驱动可以转动的大旋翼。贝尔公司在这个基础上坚持不懈，又研制了 XV-15 验证机，把发动机换成了功率更大的涡轮螺旋桨式，而且整个发动机一起旋转，和旋翼的连接传动就简化了。基于这些成功的经验，贝尔公司给美军研制了 MV-22“鱼鹰”倾转旋翼机，如今它和 F-35 一起，是垂直起降作战飞机中的两大明星。

(a)

(b)

(c)

(a)贝尔公司的 XV-15 垂直起降验证机。
(b)在 XV-15 基础上研制的装备美国海军陆战队的 MV-22。
(c)停放在两栖攻击舰甲板上的 MV-22，机翼、旋翼都处于收的状态。

图 3.3.15　贝尔公司的 XV-15 验证机和 MV-22 “鱼鹰” 倾转旋翼机

当然，与 F-35 一样，MV-22“鱼鹰”倾转旋翼机的技术难题也还有不少。为了在两栖舰上停放，它顶部的机翼、发动机、旋翼都能折叠旋转。为了保证一台发动机损坏后不一边沉

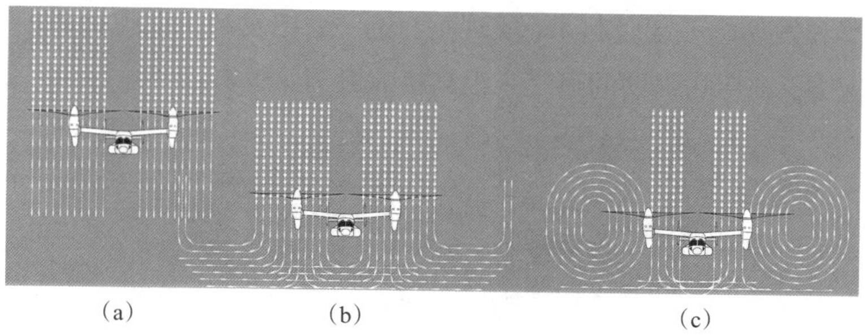
(a)　(b)　(c)

(a)正常情况下，MV-22 的旋翼使上方的空气向下方加速运动，形成气流获得升力。
(b)低空时，气流吹到地面会向四周散开，甚至反卷向空中。
(c)如果反卷的气流又被旋翼吸入，因为已经有较高速度，所以旋翼对它的加速效果会降低，甚至形成一股不断加速的环流即涡流环，使旋翼的升力锐减。旋翼直径越大，越容易避免这种情况。和普通直升机相比，MV-22 旋翼直径偏小，而且有左右两套旋翼，如果一侧碰上涡流环，升力突降，飞机就会突然倾斜，因此它碰到这种情况后的危险比普通直升机更大。

图 3.3.16　“涡流环”现象示意图

地歪下去，两边的旋翼之间要有动力传动机构，平衡两侧升力，因此它背上的机翼结构很复杂。飞行上，也把一些直升机、固定翼飞机的缺点集中到了一起。比如其旋翼直径比直升机上的小，悬停时更容易产生“涡流环”等危险现象，使升力突然降低，“拍”向地面；与平飞的螺旋桨式飞机相比，其旋翼直径又很大，转向不灵活。MV-22装备部队后，曾数次出现“涡流环”导致的严重事故。

虽然还存在一些不足之处，但所有新兵器都会这样。因此总体来说，在追求像鸟儿一样原地起飞、灵活翱翔的路上，人类算是已经取得了成功。这是经过了半个世纪的创新努力，反复尝试过几十种方法后，才逐渐找到了成功之路。因为篇幅所限，还有很多新奇、巧妙的想法没在这里介绍，比如把整个机翼和发动机一起竖起来，实现垂直起飞；把发动机架在机翼前上方，利用它强劲的喷气来提高机翼升力，等等。

图 3.3.17　美国 XC-142A 验证机是把整个机翼和发动机一起竖起来实现垂直起飞

创新的成功，有时就在于不断尝试各种各样的新思路。虽然大多数尝试将失败，但总会找到成功之路。即便是暂时失败的尝试，也会留下宝贵的经验，帮助研发者在以后获得成功。

3.4 二战名枪，简单战胜精密

我们在前面已经看到，在航母、舰载机、垂直起降飞机的发展道路上，有的装备是依靠新颖巧妙的原理和结构，比如光学助降镜、斜角甲板，特别是后者，解决了事关安全降落、甲板利用的大问题，方法却很简单，在建造上几乎不增加难度；有的新兵器，不仅靠新颖，还要靠高超的技术工艺，比如MV-22那样的倾转旋翼机和F-35的升力风扇，机械结构都要足够轻巧和灵活，否则会严重影响效率，导致整个设计没了实用价值；还有一些，技术原理很简单，难题卡在工艺上，比如蒸汽弹射器，其核心就是一个带缝的长汽缸，把这条缝加工好是关键。

不过有时候，简单工艺反倒是创新，能带给人们更高效的兵器。

图 3.4.1 “粗制滥造”的兵器常常打败精巧漂亮的兵器

20 世纪初到 20 世纪 30 年代，以马克沁机枪为代表的重机枪已经比较成熟，得到广泛应用。但这些枪太笨重，需要几个

人操作才能架在一个固定位置射击。于是，人们开始发展能携带着冲锋的自动枪械，随后陆续出现了一些著名的冲锋枪、轻机枪。

比如德国先后推出了MP 18、MP 35等冲锋枪，其中MP 18是世界上第一种被大量装备的冲锋枪。它的结构简单，采用自由枪机自动方式，开膛待击，发射9毫米手枪弹。它曾被大量输入中国并被仿制，称为“花机关”。美国汤姆逊冲锋枪（也常翻译为汤普森冲锋枪）采用了结构相对复杂一点的半自由枪机式，射击精度更好，但它全枪较重，而且价格较高，刚开始时美国军队不愿意采购，倒是很多美国黑帮竞相购买。汤姆逊冲锋枪因为美国黑帮经常使用而打开知名度，有“芝加哥打字机”的外号，汤姆逊冲锋枪也成为美国黑帮电影的代表性武器。芬兰的索米冲锋枪，也以做工精细、性能优良出名。苏联研制了PPD-34冲锋枪，但只生产装备了4 000多支，1939年就退役了。

图3.4.2　德国MP18冲锋枪和美国汤姆逊冲锋枪

机枪方面，捷克研制生产的ZB 26是中国人最熟悉的，是抗日战争时期中国军队用得最多的轻机枪。英国人也曾大量仿制，称为布伦机枪，是他们在二战中的主力轻机枪。

图 3.4.3　捷克 ZB26 轻机枪和英国人仿制的布伦机枪

德国则在成功仿制马克沁机枪后，提出了通用机枪（又称轻重两用机枪）的概念：架在三脚架上，弹链供弹，就是重机枪，射程远，火力持续性强；用两脚架抵肩射击，弹匣供弹，就是轻机枪。经过 MG13、MG30、MG15、MG17，他们研制出了很成功的 MG34，这是世界上第一种成功的通用机枪。

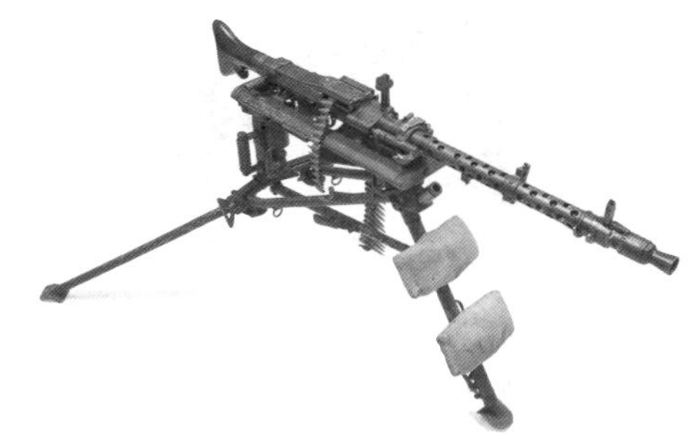

图 3.4.4　德国 MG34 通用机枪

不过，这些枪械都有一个共同的特点——是在和平时期设计的，因而首先照顾的是性能，成本方面没有太高要求。而且在当时机械化战争尚未普及，缺少实战检验的情况下，各国还没认识到大量装备冲锋枪、通用机枪的好处。直到二战前的西班牙内战，才让人们认识到冲锋枪的威力。

在1936年开始的西班牙内战中，MP 18、MP 35等德国冲锋枪得到大量使用。德国人发现它们在激烈的阵地战和运动战中有重要作用，但前线需求量大，生产不过来，所以应该简化生产工艺，降低成本。于是德国研制了MP 38冲锋枪，它继续采用简单的自由枪机式，但舍弃了外形“优美”的木枪托，改用几条钢片组成的折叠枪托，握把等地方也采用塑料件。二战爆发初期，德国在波兰战场投入了数千支MP 38，配备给装甲部队，结果在掩护坦克车辆的近战中发挥了重要作用。德国人随后对MP 38进一步改进，特别是用冲压、焊接的零件代替部分机加工零件，比如机匣等。

图3.4.5　德国MP38冲锋枪

机加工制造的零件强度高，外形精准，能让自动枪械里的快速运动更加高效可靠，但机加工是把一大块金属铣削成所需形状，耗费的时间、原材料都较多。冲压工艺则是把一块钢片或钢锭直接用强力挤压成所需形状，钢材的硬度等机械性能自然要低一些，加工出的零件在形状、瑕疵方面也要比机加工成品差；几个简单形状的零件焊接成一个复杂零件，焊接处的强度自然要比整体机加工的零件差很多，但冲压、焊接工艺生产速度快，原材料消耗少。

(a)机加工工艺要从金属块上切掉大量材料，时间、工具、材料都消耗较多。

(b)冲压工艺把钢板等材料直接压成需要的形状，现在甚至能加工厚重的大型钢板。

图 3.4.6　机加工工艺和冲压工艺

大量采用冲压、焊接工艺的 MP40 冲锋枪，成本进一步降低，连一些非军工小厂也能分包生产很多零部件。虽然它因为结构大大简化，射击时的精度、稳定性不高，但在近战中，首先强调的是火力猛烈，那些缺点也就不重要了。倒是巨大的需求量和战损，让它成本低、制造快的优点更加放大。二战中德国一共生产了约 120 万支 MP38、MP40 系列冲锋枪。

图 3.4.7　MP40 冲锋枪结构更简单，分解后零件更少

1939 年的苏芬战争，芬兰的索米冲锋枪给苏联军队造成重创，这让苏联也意识到冲锋枪的巨大威力。他们设计出了 PPSh-41 冲锋枪，就是著名的“波波沙”。“波波沙”也大量采用了冲压工艺，而且直接把当时苏军的制式步枪 M1891 莫辛 - 纳甘步枪的枪管拿来，一截两段，就给两支“波波沙”用了。在供弹上，它可以用比弹匣稍复杂的弹鼓，弹量从 25 发增加到 65 发，火力持续性很强，特别受士兵欢迎。到二战结束时，“波波沙”系列一共生产了 600 万支。

图 3.4.8　苏联 PPSh-41 冲锋枪（常被称为“波波沙”）

英国在欧洲战场失败，远征军损失大量武器装备后，也面临着武器匮乏的问题。到二战爆发时，英国还没有制式冲锋枪，从美国只能买到汤姆逊冲锋枪，不仅价钱贵，生产速度也来不及。于是，他们设计了一款结构非常简单的冲锋枪——“司登”。

“司登”前面是一根枪管，侧面开口插着一个弹匣；后面是一段粗管子的机匣，里面是一个枪机和复进簧；最后面是一段粗铁丝弯成的枪托。整支枪看着就像是由几根铁管子组成的，被士兵们戏称为“水管工的杰作”；而且它的精度、可靠性都很差，被士兵们起了个“臭气枪”的绰号。但它是当时几种冲锋枪里最轻的，结构简单，很容易维修，还能发射德军常用的手枪弹，于是它成了援助欧洲抵抗运动和反法西斯游击队的好武器。特种部队也很喜欢它，因为它击发声音小，装上消音器的型号更是如此。

图 3.4.9 英国“司登”冲锋枪

就这样，“司登”以粗糙、简陋换来廉价、适应性强的优点，也成为一款二战名枪。它的各种型号、衍生型，在二战中足足造了 450 万支。

美国参战后，长期以汤姆逊冲锋枪作为制式冲锋枪，普遍

配备给班排级军官、士官，但他们也逐渐看到汤姆逊冲锋枪射击精度高的优点没啥用，于是学着英国人，在二战末期研制出 M3 冲锋枪。M3 冲锋枪因其简单的结构被士兵们戏称为“黄油枪”。它在二战中没来得及绽放光芒，但在战后被大量援助给国民党军，在我国解放战争中曾被解放军大量缴获和使用，是我国解放战争期间的经典枪械之一。

图 3.4.10　美国 M3 冲锋枪

如果说冲锋枪射程近，采用看似粗糙的冲压、焊接工艺不会太影响威力，那作为重要火力压制枪械的机枪呢？

德国 MG34 机枪在西班牙内战中表现很好，但德国人认为它还存在一些瑕疵——易受砂石影响，制造成本高，于是德国招标研制新机枪。结果一家名不见经传的小公司在 MG34 的基础上进行设计，保留原有的核心结构和操作方式，在做了一项重大改进——制造中大规模采用金属冲压工艺后设计了一种枪，该枪与 MG34 相比，生产时间降低了几乎一半，成本降低了四分之一。他们的设计得到军方认可，定型为 MG42，它被誉为二战中最成功的机枪。

这种著名机枪的外观看着要比MG34粗糙，原来外面漂亮的多孔冷却套管变成了四条铁片组成的空架子；机匣看着像个铁皮盒；弹鼓供弹方式被放弃，只保留了弹链供弹。盟军情报人员刚发现该枪时，还向后方报告：德国人不行了，缺原料，机枪只能粗制滥造了。但军械专家们明白其中的好处。虽然此时德国在战略上已经走下坡路，但MG42机枪到战争结束前还是生产了40万~70万挺。

上方为MG34，下方是MG42，对比金属材质的质感，特别是枪管外的散热套筒，可以看出上面的做工更精致。

图3.4.11 MG34和MG42机枪对比

MG42还换成了开膛待击——击发前，枪机是在后面等着，扣动扳机后才往前冲，然后推弹、上膛、击发。枪机这样运动对精度不利，因此一般是冲锋枪才用开膛待击，但这个看似不利的设计，其实是设计师在走访很多机枪手后，根据他们的实战经验有意而为。设计师了解到，机枪最有效的射击方式是在发现敌人、对准目标后，尽快在一两秒内就射出大量子弹，然后就停止。从一个敌人转向另一个敌人的扫射方式，在很多情况下其实不管用，比如步兵战术中，就专门针对机枪拦阻，强调一队步兵一起冲过封锁线，这要比一个跟一个地冲更安全。于是，德国设计师把MG42机枪的射速从MG34的800～900发/分钟，一下提高到1 500发/分钟，开膛待击对精度的影响也就几乎没有了。也就是说，MG42能用高火力密度，确保更高的杀伤率。

二战中美军在第一次碰到MG42后，就被其高射速吓到，称其为“希特勒的电锯”。它1 500发/分钟的射速，让枪声听起来不是“哒哒哒”，而是“呲……”，像撕开一匹亚麻布。

(a)

(b)

(a)二战中的MG42机枪。
(b)电影《拯救大兵瑞恩》中德军用MG42机枪对登陆的美军士兵猛烈扫射。

图3.4.12　MG42机枪

可以说，二战中最著名、最高效的几种冲锋枪、机枪，都是工艺更加简单的新品。当然，这种简单工艺并不是落后工艺。结合创新的总体设计和实战经验，在各方面之间做新一轮的取舍，放弃少数优点，追求更大优点，这时，简单就成了巨大的进步。

3.5 经典坦克，精益求精不如简单创新

二战中，德国人在枪械创新上走的是简单之路，效果非常好，但在坦克发展道路上他们却没能这样，而是走进了一些比较致命的误区。

20世纪20年代，德国重整军备时还受到《凡尔赛条约》的限制，因此在很多方面都是走精兵路线，而且尝试另辟蹊径。在装甲部队的运用上，他们借鉴英国人富勒等人的思想，发展出闪击战思想。为配合这一作战思想，德国人研制坦克时，在很多细节方面都精益求精。比如坦克上大多配备了电台，便于指挥；利用自己的光学技术优势，配备了优良的瞄准镜，以提高射击精度。虽然在装甲、火力、动力等方面，他们也是尽量加强，不过由于受《凡尔赛条约》限制，二战初期德国坦克在装甲、火力方面要比英法坦克差，他们获胜主要靠的是先进的战术思想，以及电台提供的指挥协同能力。

德军在欧洲迅速击败法英军队的过程中，也认识到自己在

图 3.5.1　二战初期德国坦克胜在高效的指挥能力而非装甲与火炮

坦克车辆上的一些不足，于是开始着手改进他们手头几种型号的坦克。

Ⅱ号坦克是作为过渡型号研制的，重量不大，火力也比较弱。刚投产时，它采用的是独立式板弹簧悬挂，5个大直径负重轮。

Ⅲ号、Ⅳ号坦克才是德国为装甲部队准备的主力型号，车重从Ⅱ号的不到10吨提高到19吨和26吨。德国人最初也是采用独立式板弹簧悬挂、5个大负重轮，效果不好，就改成了8个小直径负重轮。但这没有解决根本问题，因为独立式板弹簧结构依旧复杂，容易损坏，不易修理。

图3.5.2　德国Ⅳ号D/E型坦克的每边有8个小直径的负重轮

1939年3月德国占领捷克后接管了著名的斯柯达兵工厂，他们发现该厂生产的38T型坦克在火力、防护、机动性上都超过自己的Ⅱ号坦克，特别是38T坦克的平衡板弹簧式悬挂和大直径负重轮，可靠性高。于是德国吸收38T的某些优点，对自己的坦克进行了改进。

图 3.5.3　捷克 38T 型坦克的每边有 4 个大直径负重轮

图 3.5.4　德国 II 号 D/E 型坦克像捷克坦克那样采用 4 对大直径的双缘负重轮

Ⅱ号 D/E 型坦克重新设计了底盘，采用 4 对大直径的双缘负重轮，取消了托带轮，还首次尝试了扭杆式悬挂。Ⅲ号 E 型坦克也换装了扭杆悬挂系统，采用 6 对中等大小的负重轮，行动问题得到较好解决。

Ⅳ号坦克当时已有样车，正式投产时改成了平衡板弹簧式悬挂，但一直沿用小直径负重轮。这是由两个原因造成的。一是因为它车重 26 吨，比Ⅱ号、Ⅲ号坦克高 160% 和 36%。二是因为德国装甲兵比较看重坦克在复杂地形上行驶的平顺性，也就是不颠簸。平顺性好，不仅可以让坦克兵的乘坐环境舒适一点，不易因疲劳而降低战斗力，还有利于瞄准镜、电台等设

备工作。也就是说，他们希望自己的坦克像一个行动稳健、射击准确、听从指挥的好士兵，而不是只会猛冲乱打的莽汉。

苏联人则对坦克有不同的理解。

1936年的西班牙内战中，苏联援助给西班牙共和军不少坦克。他们通过实战发现，汽油发动机是个大隐患，在坦克被击中后很容易起火。于是，苏联人花4年时间专门研制出V-2型柴油机，它有12个汽缸，最大功率368千瓦（500马力）。

图3.5.5　苏联V-2型柴油机是使T-34等坦克成为经典的关键设备之一

与汽油机相比，柴油机的好处主要有两点。第一是柴油不像汽油那么容易引燃，坦克遭受射击、火攻时的生存力更高。二战前，不仅德国人，美国人、英国人也没认识到这一点。后来的美军主力坦克M4“谢尔曼”，汽油机加薄弱装甲和高大身形，完全成了一打就着的好靶子，被美国兵自己讽刺为“郎森打火机”。

第二个好处是柴油机低速性更好，同样功率下，它的扭矩更大，适合爬坡和崎岖地形。苏联人在设计T-34坦克时，还把这个优点进一步扩大——把变速箱、主动轮也布置在车体后部，靠近发动机。当时，其它国家的坦克因为驾驶员在前，都把变速箱放在前面，后面的发动机要通过一根传动轴把动力送到前面。而T-34省了这根传动轴，所以发动机的扭力能够更大。但短了这一头却长了另一头：驾驶员的操纵要通过很长的传动杆传到后面。加上没有采用助力设备，所以T-34坦克驾驶起来很费劲，转向、加减速都不灵活。从外观上看，T-34的一个特点是炮塔很靠前，这是为了平衡首尾的重量差。

行动系统上，苏联人采用了早已成熟的克里斯蒂悬挂，配合5对大直径负重轮，加上强劲的动力，T-34的行驶速度比较高。当然，这是以底盘急剧颠簸为代价的，但苏联人不在乎这点。克里斯蒂悬挂还有一个缺点，就是占用车内空间大。

T-34还在车首采用了倾斜装甲，这有两大优点：让炮弹更容易出现跳弹；45毫米厚的装甲钢板以32°（装甲板与水平面的夹角）倾斜后，水平厚度相当于85毫米。这一系列优点，让T-34成为二战中最优秀的坦克。

德国进攻苏联后，很快就遭遇了T-34，其火力、防护都超过了自己的Ⅲ号、Ⅳ号坦克。而且苏联还有KV-1这样的

图3.5.6　战场上的苏联T-34坦克（右边是一辆被击毁的德国“虎”式坦克）

重型坦克，德军Ⅲ号、Ⅳ号坦克就算几辆围殴一辆，也很难啃下。这迫使德国人把火炮提高为75毫米口径的长管炮，研制出Ⅲ号突击炮以及Ⅳ号F2型，但这些都导致坦克车重进一步提高，机动性变差。

于是德国人加紧研制新坦克，并在Ⅴ号坦克（即著名的“黑豹”）上借鉴了T-34的倾斜装甲。他们也想赶紧研制柴油发动机，但时间来不及了，好在手头有了功率达515千瓦（700马力）的汽油机。但总体来说，德国人并未修改他们此前的设计思想，于是产生了很多问题，比如“虎”式坦克的前装甲还是以前那样垂直的，因此需要更厚的装甲钢板来提高防护力。

德国人要求“黑豹”“虎”式坦克的火力、装甲都超越苏联的T-34、KV坦克，因此它们的重量分别达到43吨和56吨。苏联T-34、KV坦克的重量分别是32吨、43吨，德国坦克足足高了10吨。板式弹簧悬挂不仅不适合支撑如此大的重量，还存在结构复杂、不便维修的问题。扭杆式悬挂是很好的选择，但那时刚刚发展起来，除了德国人，只有苏联人在KV坦克上用过。制造高性能的扭杆，需要含钒、铬等稀有金属的高品质合金钢，而德国缺少稀有金属，战时更是如此。虽然如此，采用这种悬挂也不会有大问题，顶多扭杆粗些，减震性能不算高。但德国人对行驶平顺性、射击精度的高要求依然不变，于是他们把扭杆数量增加到8对，采用交错排列的双排负重轮，每侧有8个轮子。这样既降低了对单根扭杆的负重要求，又让车体重量从前往后分配在8对点上。T-34坦克从前往后有5对点，KV坦克有6对点，德国坦克行驶的平顺性自然更好。

德国“虎”式坦克侧面的 8 个负重轮是交错排列的，内外两层有交错叠压。

图 3.5.7　博物馆陈列的德国“虎”式坦克

其实，交错双排负重轮的设计，德国人在战前就有了。他们在 1937 年开始设计一系列强调高速、高机动性的履带车，其中一个方案就采用了交错式排列的负重轮。后来这个方案被用到Ⅱ号 L 型、J 型坦克上。对于全重 10 来吨的坦克来说，

德国Ⅱ号 L 型坦克侧面 4 个负重轮是交错排列的。与后来研制的“黑豹”“虎”式相比，它轻很多，负重轮数量少，所以交错排列造成的麻烦还不严重。

图 3.5.8　德国Ⅱ号 L 型坦克

它能实现高速、高机动性，但随着车重放大几倍，它的一些负面影响就被放大到致命的地步。

一是成本、制造工时增加。当然，这不仅是因为负重轮、悬挂，还因为在坦克的其它方面德国人也精益求精。二战中，“黑豹”“虎”式坦克总计制造了 7 300 多辆；而比“黑豹”晚投产的苏联 T-34/85 型坦克制造了 18 650 辆，如果算上 T-34 的前期各型超过 53 000 辆！这在很大程度上是因为 T-34/85 延续了以前的底盘结构，而且总体上结构很简单。德国人后来也对细部结构、制造工艺进行了一些简化，搞出几个简化型，比如Ⅳ号 J 型，但改变不了根本问题，也来不及了。

比较苏联 T-34 坦克（左）和德国“黑豹”坦克（右）的表面、焊缝等处，可以看出前者的制造工艺不如后者精细。

图 3.5.9 苏联 T-34 坦克和德国“黑豹”坦克比较

二是因为车重增加，扭杆、负重轮的负载过大，使用过程中故障很多。在苏联作战，经常遭遇泥泞、冰冻等恶劣路况，这个问题就更加突出。再加上地雷等引起的战损，双排交错负重轮的缺点变得非常严重。一旦一个负重轮受损，特别是内排的，就要拆卸下两三个负重轮才能维修。泥泞、冻土嵌入负重轮之间后，不容易自行排出，使德国坦克的越野行驶能力一直

德国“虎”式坦克这样的双排负重轮受泥泞影响大，维修时要拆卸的部件多，不利于战场维护。

图 3.5.10　德国坦克不适应恶劣环境

比苏联坦克差很多。

于是，在苏德战场上，双方坦克的典型战况就是——苏联坦克纷纷涌向战场，数量多得让德国坦克东奔西走，疲于应付；不断奔走，又让德国坦克故障频频，能够参战的数量就更少；双方坦克对阵时，德国坦克能精确远射，一辆辆击穿苏联坦克，但苏联坦克还是能剩下几辆冲到近前，用火炮近距离击穿德国坦克，甚至靠撞击来个同归于尽；一旦德军战斗失利，受损坦克甚至完好的坦克来不及撤退，成为彻底的损失；苏联的受损坦克则很快就能修复，重新参战。

二战中，德国在战前受限的情况下能造出单车性能很好、傲视欧美各国的坦克，很值得称赞。但他们过于追求坦克的优异性能，放在西欧战场没有问题，转到辽阔的苏联战场就出现问题了。很多精细结构在恶劣环境下表现不佳，还让产量、维修问题变得突出。反观苏联坦克，几乎只有两个简单的创新点——柴油机、倾斜装甲，其它方面的技术可以说都是“将就”，但这样简单的创新比精益求精取得了更好的效果。

四、胜利带来惯性之误

当人们在战场上取得胜利，特别是巨大胜利后，表现突出的兵器、战术总是受到更多欣赏和关注，也会得到更多经费与发展。但这种惯性如果延续过久，有时就会变成阻碍兵器、战术发展的绊脚石。比如上一节我们介绍的二战坦克，苏联T-34的简洁路线打败了德国坦克的精益求精。二战后，苏联装甲兵保持这一传统，从T-54到T-72、T-80、T-90等型号，都是尺寸小、成本低，借以争取优势；美国坦克却逐步走上了德国人那种道路，最后出现了M1“艾布拉姆斯”，装甲、火控、火炮、发动机等尽量采用了最新技术。但是从中东战争到海湾战争、伊拉克战争，苏联坦克都没能取得好的战果，实战证明，这次换作苏联走入了误区。

这种例子历史上曾多次出现，既有兵器技术方面的，也有战术方面的。

4.1　坦克，被成功束缚了手脚

坦克在1916年9月15日首次参战，当时因为本身结构不成熟，59辆参战只有9辆完成任务，但其表现出的巨大潜力，让它得到了很大的重视和发展。1917 年 11 月 20 日，英军发起康布雷战役，坦克首次被大规模运用，获得了很好战果。

当时英军在第一梯队里配备了一个坦克军，装备有 476 辆坦克。当天凌晨，英军坦克在炮火掩护、步兵伴随下，向德军阵地发起冲击。它们每 3 辆组成一组，呈三角队形向前冲击。坦克后部驮有柴捆，填塞壕沟；碾平铁丝网，开辟通路。到中午，英军就已占领德军第一、第二道阵地，下午占领了第三道阵地，突入德军纵深 9 千米。这个胜利让英国民众极为振奋，伦敦所有教堂钟声齐鸣，是大战中仅有的一次。

但英军指挥部对这个胜利成果没有准备，预备队都被投入其它方向挽救危局，没有部队利用这个突破口扩大战果。进攻的坦克部队其实也损失颇重，有 56 辆被德军炮火击毁，114 辆抛锚或陷入堑壕，损失超过三分之一。德军前线部队的军心被坦克冲击所瓦解，纷纷溃败，被英军俘虏 7 500 多人。在英军无力扩大战果后，德军抓住时机调来新部队，在 11 月 30 日对这个突出部发起反击。他们用车载野战炮和高射炮对付英军坦克，用机枪对付英军骑兵。结果德军收复大部分失地，俘虏英军约 9 000 人，缴获 100 辆坦克。英军又将 73 辆坦克投入战斗，才挡住德军的反突击和推进。

1917 年 12 月 7 日，康布雷战役结束。细算起来，英军损失略多，但坦克在突破德军防线、遏制德军反击中发挥的威力可以说超乎人们想象，失利的原因主要是没有步兵队伍跟上。

一战后，各国总结了有关坦克的实战经验，得出很多结论，比如：坦克是引导步兵冲锋的好武器，因此速度没必要快，比

步行稍快即可；它会面临敌方野战炮甚至更强炮火的攻击，因此装甲要尽量厚实。英国人在此基础上提出了“步兵坦克”的概念。结论还有：骑兵显然落伍了，完全无法抵挡机枪的威胁，用速度快的轻型坦克代替骑兵，可以执行侦察、机动作战任务，于是又有了“巡洋坦克”的概念。

“玛蒂尔达”2型步兵坦克（左）装甲厚，但行动装置复杂，速度慢；“十字军”巡洋坦克（右）机动性好，但装甲薄。

图 4.1.1 英国的“玛蒂尔达”2 型步兵坦克和“十字军”巡洋坦克

此后，英国人就是按照这样的思路发展坦克的：步兵坦克伴随步兵作战，装甲厚，速度慢；巡洋坦克机动作战，装甲薄，速度快。他们这个思路甚至延续到了二战末期，哪怕在实战中碰过大钉子。

不仅英国，其它国家也基本上是这个思路，只不过叫法和具体做法有些差异。法国是发展重型、轻型两种坦克，相当于步兵坦克、巡洋坦克。美国人也差不多，而且直到二战中，他们的 M4“谢尔曼”坦克已经因为装甲薄弱被自己人称作“打火机”了，他们还在研制更薄的轻型坦克。

苏联人，别看有 T-34 这样的杰作，但那是在 1936 年的西班牙战争后，此前他们也是分两个大类发展坦克。BT 系列坦克极端重视快速性，被称为“快速坦克”，其中很多型号还可以卸下履带，拿负重轮直接当车轮，要跑得更快；T-35 坦克则是顶着五个炮塔，被后来的军迷们封为“多炮塔神教”。

(a)BT-29 坦克的负重轮直接就是轮胎，拆下履带后能像汽车那样跑；除了主炮塔，还有两个装机枪的小炮塔。

(b)T-35 坦克一共有五个炮塔。

图 4.1.2　苏联 BT-29 坦克和 T-35 坦克

德国人呢？二战初期耀眼的“闪击战”，让很多人以为他们在坦克、装甲兵发展上走的是正确道路，没有被那些保守思想、惯性思维所禁锢，其实并非如此。

他们的Ⅰ号、Ⅱ号坦克是摆脱《凡尔赛条约》后的初期产品，是过渡性的，而且设计思路和英国巡洋坦克、法国轻型坦克基本上一样。要论性能，还不如对方，甚至不如捷克、波兰坦克。二战中成为主力的Ⅲ号、Ⅳ号坦克呢？德军当时对它们提出的研制指标如下：Ⅲ号坦克全重15吨，装甲10～37毫米，最高速度40千米/小时，武器为50毫米长管炮；Ⅳ号坦克全重24吨，装甲10～80毫米，最高速度35千米/小时，武器为75毫米短管炮。

Ⅲ号坦克的重量、装甲与同期的英国巡洋坦克、法国轻型坦克差不多，不过火炮稍大，速度稍慢。与苏联轻型坦克相比，Ⅲ号坦克在速度、火力上则差一点。Ⅳ号坦克的重量、装甲与英国"玛蒂尔达"2型步兵坦克差不多，但后者速度更慢，装甲则厚25～78毫米，二战初期比德国坦克还抗打。武器上，战争双方都没考虑发射穿甲弹，而是发射榴弹打对方的野战工事。德军赋予Ⅳ号坦克的明确任务就是支援步兵作战。

因此，德国人在二战前设计坦克时，其实和英法美是同一个思路，也是步兵坦克、巡洋坦克两种类型。这种把坦克分为两类的发展思路，其实到现在也还有，只不过没了"步兵坦克"这一叫法。

一战后，也曾有很多军事专家对把坦克束缚在步兵身前表示反对，这其中以英国人富勒为代表。他提出以装甲部队纵深突破，直插敌人深远后方的后勤、指挥中心，从而在总体上获得有利态势，包围敌人，动摇其军心，甚至让其溃败。

但这个思想是建立在以下基础上：坦克的可靠性要远高于

一战时期；机动性、装甲防护都要比较好，能抵挡对方炮火攻击；装甲部队的数量足够多，或者后续跟进的步兵足够快，能利用突破成果。可惜的是，康布雷战役的实战经历让大多数人对具备这些条件很怀疑，毕竟有三分之一的坦克在突破德军防线时就损失了。而且一战后，各国普遍装备了专门的反坦克炮，都可以击穿对方的快速坦克的装甲，突破防线的损失恐怕会超过三分之一。另外，富勒提出的用4 000辆坦克突破敌军防线、直逼德国本土的计划，也确实太“宏大”了，当时的坦克生产能力根本不可能满足，就算能，也没哪个国家有钱干这事。

所以，在当时的大多数人看来，这种前卫的装甲兵战术当然不可取，至少是付出的代价、成本太大，还不如步兵坦克带着大部队稳扎稳打。但他们低估了工业技术进步的速度：坦克的可靠性已经得到很大程度提高，能连续前进上百千米。他们还对反坦克炮的效能过于自满，并且忘了一条：装甲部队机动性高，能选择薄弱处突破，而防守方不可能到处都准备足够的反坦克炮。

二战初期，德国装甲部队就是选择了防守薄弱的阿登森林地带，突破防线，直捣英法联军的后方，打了对方一个措手不及，法国很快战败投降。

不过德军最初的作战计划并非这样，而是同样受强大惯性思维影响，由一战的“施利芬”计划演变而来——从马奇诺防线右方的比利时、荷兰打一个右勾拳。德军将领曼斯坦因在古德里安的帮助下，提出了从阿登森林突破的计划，相当于

图 4.1.3　二战初期德国装甲部队穿过阿登森林闪击法国

把“右勾拳”变成了“一指禅”，但德军高层对这个计划并不赞同。巧合的是，开战前，一架带有作战计划的飞机误降到比利时，被英法联军俘虏，“右勾拳”计划的细节都泄露了，于是德军只能改弦更张，换用了“一指禅”。

英法联军本来就根据惯性思维，认为德军会从北方迂回，得到作战计划书后，更坚定了这一看法。于是他们最精锐的部队赶往比利时，结果让德军的穿插、包围取得了更大效果。

德军这种创新的装甲兵闪击战术也并非没有缺点。穿过阿登森林，进入敌方纵深后，德国装甲部队也多次遭遇英法部队的反击，差点被对方掐断自己的后路，如果那样，“闪击”就会变成“闪断”。好在比起英法联军，德军部队的实战经验更丰富，而且通信、指挥装备更先进，打退了对方的反击。在德国装甲部队突破到自己深远后方后，英法联军失去了补给和战斗信心，走向了溃败的结局。

英法沿用一战时使用坦克的成功经验，结果在二战初期惨败；德国沿用闪击战的成功经验，也不是一直能够胜利。

在苏德战争初期，德军几次用装甲部队穿插、包围苏军，战果远远超过在西欧，几次围歼几十万苏军。但有两个条件的改变，让他们的闪击战逐渐变得失效。一是苏军的战斗意志逐渐变得顽强，像英法军队那样后路被断就溃败投降的情况越来越少，闪击战越来越多地打成了围困战。二是苏联的国土比西欧大好几倍，道路条件则差得多，装甲部队不再能统领战场，德军还是需要大量步兵部队。后来，德国装甲兵从刺穿敌人防线的闪击尖兵，变成了四处奔走救援的“救火队”。库尔斯克战役中，苏军更是利用德军看重进攻的特点，先打防御战，利用坚固、大纵深的防线削弱德军，然后反击得手。

在北非战场，英军也找到了办法对付闪击战。沙漠地区环境恶劣，后勤补给线脆弱。你德军闪击穿插，那好，我退兵，让你穿插；等你冲得远了，补给立马困难，我再打回去。阿拉曼战役和库尔斯克战役有点类似，也是隆美尔装甲部队的进攻在英军预设阵地、雷场前受挫，然后遭到对方反击。

美英盟军在欧洲登陆后逼近德国，德军为了扭转颓势，再次派装甲部队从阿登森林突入，包围盟军的后勤中枢——小城巴斯通。这次美军只有一个101空降师紧急赶到这里坚守，但他们有强大的攻击机、运输机予以支援，虽然危险，还是坚守了下来，德军装甲部队的闪击战不再奏效了。

纵观从一战到二战的装甲兵技术和战术，失败的一方大多是上次胜利的一方。上次胜利的一方受到了成功经验的惯性

影响，却不料某些条件已经改变。

4.2 伞兵，被战果诱入坟墓

不仅地上的坦克装甲部队曾因沿用过去的胜利经验而遭遇失败，天上的伞兵也曾受到这种惯性思维的伤害。伞兵常被誉为“天降神兵”，因为他们曾在战争中取得过一些令人惊讶的战果，但一些让人扼腕叹息的失败也是伞兵留下的。

一战时期，曾有士兵从双翼机的机翼上跳伞降落，用炸药摧毁敌方的仓库。1927 年，苏军在中亚地区进行了第一次真正意义上的空降作战，派兵从运输机上跳伞着陆，一举歼灭了叛匪。受这一成功的鼓舞，苏联在 1930 年正式成立伞兵部队，随后德、英、美等国也相继发展空降兵。

第二次世界大战爆发后，伞兵在初期作战中发挥出很关键的作用。

1940 年 4 月 9 日，德国进攻挪威、丹麦。丹麦国小兵弱，国王下令不抵抗，因此德军 4 个小时就占领全境。挪威南北狭长，因此德军既出动海军运输部队登陆，也派出了空降兵，对其南北海岸线同时发起进攻。在中部进攻首都奥斯陆的行动中，德军舰队在奥斯陆峡湾先后遭到布雷舰、鱼雷艇、海岸炮的拦截，结果旗舰“布吕歇尔”号重巡洋舰中弹沉没，连舰队司令都落水被俘。德国舰队被迫暂时撤退，海上进攻失败。不过在中午，德军 5 个伞兵连在奥斯陆附近的机场着陆，然后他们在亲德分子的配合下列队进入奥斯陆市区。虽说有点虚张声势，但确实打中了要害，吓得挪威王室、政府官员们马上向北撤离，德国伞兵算是“攻陷”了一国的首都。

1940年5月10日，德军开始进攻西欧，伞兵取得更大战果。

在最北线的荷兰，德军投入了1个集团军，包括1个装甲师，但起决定作用的是伞兵。当时德国总共只有4 500名受过训练的伞兵，其中4 000名在5月10日凌晨空降到荷兰首都海牙、交通中心鹿特丹。德国伞兵使对方感到恐慌，结果只付出180人伤亡，就占领了鹿特丹等地的桥梁，迎接德军装甲师从南面顺利进军。5天后荷兰投降。

在比利时，德军投入了剩下的500名伞兵，战果更加惊人。比利时和德国边境有一座埃本·埃马尔要塞，上面的火炮覆盖住了附近德军必经的三座桥梁。这座要塞修建在一个花岗岩的高地上，是在岩石里爆破后用钢筋混凝土修建的工事。整个要塞一面挨着运河，另外三面布设有雷场、深沟，以及6米高的围墙，有众多碉堡、机枪、火炮、探照灯加以防守，即便德军动用强大的炮火攻击，也很难攻陷。而且只要对方炸毁三座桥梁，就足以让德军的进攻受到严重迟滞。

但是德军派出了78名伞兵，乘坐9架滑翔机直接降落到要塞顶部，然后直扑掩体出口。这一出人意料之举，一下子把要塞的1 200多名守军堵在工事里。随后德国伞兵炸毁了所有大炮的装甲炮塔和掩体。对于三座桥梁，德国伞兵也进行了突袭，成功夺取其中两座。在其中一座桥梁的争夺战中，炸桥的导火索已经点燃，可德国伞兵乘一架滑翔机扑来，冲入地堡灭掉了导火索。

图 4.2.1　希特勒专门接见参加攻占比利时埃本・埃马尔要塞战斗的德国伞兵

这几次作战，不仅是德国伞兵史上的辉煌时刻，还对整个世界的空降兵发展产生了重要影响。

但是一年后，德国再次运用伞兵时，却遭遇重大损失。

1941 年 5 月，德军占领南斯拉夫、希腊，很多英国、希腊军队退守克里特岛。要跨过海峡占领英国在巴尔干地区这最后一个据点，德军就想到了伞兵，于是他们制订了历史上第一份大规模的空降作战计划：动用第 7 伞兵师、滑翔突击团和第 5 山地步兵师，共计 2.2 万人，通过 500 余架运输机和 80 架滑翔机伞降、机降到克里特岛上，先夺取三个机场。此时岛上守军有英军 2.8 万人，希腊军队 1.4 万人，但只有 6 辆坦克、35 架飞机。

但随后的战斗表明，空降作战从数百人扩大到上万人，就不是一回事了。

1941 年 5 月 20 日上午，德军第一批空降部队落地后，要么遭到顽强反击，伤亡惨重，要么被四面围攻，只能就地构筑工事坚守。下午第二批空降，又因为飞机加油慢、数量少，晚上才全部着陆，而且建制混乱。直到21日凌晨，德国伞兵才占领一个机场。空中输送线被阻断，德军就在夜间用摩托艇送部队增援，结果被英国舰队全部击沉。后来德国空军猛烈攻击英国舰队，炸沉炸伤对方5艘巡洋舰、战列舰，还有数艘驱逐舰，迫使英国舰队撤回埃及，德军才组织起海上运输线。28日，英军撤出部队，放弃克里特岛。

德军虽然攻占了克里特岛，但死伤约1.4万人，损失飞机220架，其中运输机179架，超过投入数量的三分之一，连希特勒都说“克里特岛成为德国伞兵的坟墓”，他们此后再也没能取得在挪威、比利时那样的战果。

图4.2.2　伞兵被战果诱入坟墓

苏联作为最早正式组建空降兵的国家，也成功运用过这种高机动性部队。1941年德国入侵苏联后，苏军总体来说是大溃败。这时苏联伞兵的主要任务是进行一些破坏、反突击，迟滞德军的进攻势头，比如破坏基辅地区来不及撤离和销毁的军械库，炸毁重要桥梁。1941年10月，2个空降兵旅被紧急空运500千米，降落到奥廖尔机场后随即展开、投入战斗，挽救危局。不过这算是一次空运增援，而非空降作战。

1942年1月，苏军在维亚济马战役中进行了他们的第一次大规模空降作战，动用了约1万伞兵。可他们在组织实施上存在很多问题：作战行动是配合地面方面军的，指挥却由空降兵司令部负责，空运和空中支援由空军司令部负责，各方之间没有良好的协同；运输机不足，6个昼夜的时间才伞降了不到3 000人。

1943年9月的第聂伯河战役中，苏军的大规模空降作战也遭遇严重失利，主要原因除了运输机不足，还因为他们为了达到突然性，选择夜间伞降。本来计划用篝火引导飞行员空投，可其它部队取暖的篝火，还有德军发现后故意点燃的篝火，让苏联伞兵投得非常分散，落地后就遭到德军围剿。最后空降部队变成了游击队。二战中这次战役后，苏军再未进行较大规模的空降作战。

至于英美两国，在克里特岛战役中，没法看出德国伞兵被打得元气大伤，毕竟对方还是靠伞兵占领了该岛。结果他们对德国伞兵的“成功”印象深刻，加速扩建自己的空降部队。

1943年7月，盟军在西西里岛实施大规模两栖登陆时，试验了一下自己的空降部队。作战行动主要是海上登陆，而且盟军在舰艇、飞机数量上占有巨大优势，因此空降只是辅助行动。

在10日凌晨的第一次空降中，美军第82空降师的2 200多名伞兵乘220架运输机，成功完成任务，损失不大。但是在11日晚，第二批2 000多伞兵乘坐140架运输机飞近西西里岛后，被神经紧张的盟军舰艇开炮攻击，随后滩头阵地上的高炮也跟着开火，结果60架运输机被击毁击伤，至少380名伞兵伤亡。英国空降部队也由于同样原因，被己方舰队打掉11架运输机，编队匆忙解散，69架滑翔机栽到海里，损失600余人。

这次失败，主要原因很明显是误伤，是组织协调出了问题。因此美英盟军在后来的诺曼底登陆战役前，加强了组织协调和训练。诺曼底登陆战中，3个伞兵师的主要任务是在登陆滩头两侧10多千米处伞降，迟滞德军增援部队，并从侧后方攻击海滩，配合海上登陆。他们的大规模伞降还是有点混乱，比如101空降师的6 000多人落地后，过了一天也只集合起约3 000人。但是德军也处于混乱之中，而且过高估计了盟军伞兵的数量，浪费了不少兵力围攻伞兵。因此总体来说，空降作战在诺曼底登陆中获得了成功。

于是像德军一样，盟军对于伞兵的期望也顺着惯性冲向了更高处。

1944年9月，为了尽快结束战争，盟军计划从北面绕过德军重兵把守的齐格菲防线，发起“市场－花园”行动。装甲部队从地面快速突进，称为“花园”行动；而保障他们前进速度的关键是夺取沿途大河上的重要桥梁，计划由伞兵执行，称为“市场”行动。空降作战，成为整个行动的关键。

盟军为此几乎动用了相关的全部家当，包括5 500余架运输机、2 596 架滑翔机，计划同时在三地空降 3.5 万兵力、568 门火炮、1 927 辆军车、5 230 吨物资。

从前线算起，美国 101 空降师的空降距离不到 30 千米，结果顺利夺取计划中的桥梁。美国第 82 空降师的空降距离约 70 千米，夺取了南边的赫拉佛大桥，但在北边的奈梅亨大桥没能得手，他们坚持了三天，等到地面装甲部队赶到后，又打了两天才攻占该桥。

空降最远的英国第 1 伞兵师和波兰第 1 伞兵旅，要夺取距离前线约 90 千米的阿纳姆大桥。不料有支德国装甲部队在附近休整，英军的吉普车等装备（勉强能算重武器）又因为滑翔机坠毁而丧失，只能用轻武器与敌军对抗。盟军地面装甲部队的行动也远比计划迟缓。英国、波兰伞兵坚持 8 昼夜后被击败，伤亡 6 800 人，被俘 6 000 人，基本上全军覆没。

图 4.2.3　在“市场 – 花园”行动中大量英国伞兵被德军俘虏

这一战，作为战争史上规模最大的空降作战行动，更著名的是留下了“遥远的桥”这一典故。

图 4.2.4　“市场－花园”行动中失败的空降作战后来被拍摄成经典战争影片《遥远的桥》

经历过这些胜利和失败后，各国总算逐渐看清了空降作战的局限性，不再赋予其过高的期望和要求，而力求真正发挥出伞兵的优点。

比如 1945 年 3 月德军退守莱茵河东岸后，盟军从 23 日夜间开始渡河。24 日，盟军 2 000 多架运输机和滑翔机向东岸 10 千米左右地域空降了 2 个空降师，约 1.7 万人。他们很快与地面部队取得联系，夺取桥梁，为扩大桥头堡阵地创造了有利条件，最后围歼德军一个师。这次作战行动，空降距离不远，确保了人员、物资快速补充和集结。大规模空降作战，必须制订合理可行的计划，并有强大的空中、地面力量予以配合。

1941~1944 年间各国伞兵遭遇失败，多是受到初期成功战例的影响。其实仔细看看那些成功战例，会发现它们大多是小规模的特种作战，比如攻占埃本·埃马尔要塞。德国

伞兵在克里特岛失败后，也曾完成过一次非常经典的特种作战——救出墨索里尼。

1943年7月，意大利在国王领导下发动政变，逮捕了墨索里尼，后来将他囚禁在一座悬崖顶部的旅馆里，只有一条缆车从山脚通到上面，而且上面有大约250名守卫。德国132名伞兵乘坐12架滑翔机，突然降落在崖顶，最近的一架离旅馆只有18米。意大利守卫目瞪口呆，眼看着德国伞兵冲入旅馆，救出墨索里尼。整个行动从降落到完成，只有4分钟。然后一架小飞机降落在崖顶，再强行起飞，把墨索里尼带到了附近的机场，转道前往德国。随后在希特勒和德军支持下，墨索里尼成立傀儡政府，又苟延残喘了一年多。

总之，关于二战中的伞兵，参战各方都经历了一个被成功、喜悦诱入失败、悲伤的过程。

4.3　喷气式飞机和制导武器，二战末期疲惫的极致创新

在前两节中我们看到，当装甲兵、伞兵以全新的战术取得巨大成功后，人们就陷入一种继续追求更大成功的惯性，结果往往导致巨大损失。这是因为没有注意那些创新获得成功的基础，简单地在规模、目标上有了更高要求，结果给装甲兵、伞兵的新战术赋予了超额任务。在研制发展新兵器时，也常出现类似情况，陷入一种错误的惯性认识——新兵器和新战术都能取得新的突破和巨大战果。

德国人对喷气式飞机的应用，就是一开始就陷入误区，影响了它的实战效果。

二战前，英德两国的工程师们就开始研制喷气式发动机，而且德国稍稍领先，1937 年 3 月就研制成功轴流式涡轮喷气发动机，1938 年就开始招标研制喷气式战斗机，1939 年 8 月试飞了 He178 试验机。1941 年 4 月，He280 喷气式战斗机首飞成功；1942 年 7 月，Me262 首飞成功。英国此时也完成了喷气式飞机的试验，正在研制实用型的“彗星”式喷气式战斗机。

图 4.3.1 德国 He280 和 Me262 喷气式战斗机

在比较 He280 和 Me262 后，德国空军选中了 Me262。和当时最好的战斗机美国的 P-51“野马”相比，Me262 的飞行速度能达到 870 千米 / 小时，比后者高 22%。而且这个速度，螺旋桨式战斗机基本上已经不可能达到。爬升率每秒 20 米，也要比 P-51 高 22%。飞行高度上两者差不多。最大航程上，因为喷气发动机油耗高，因此 Me262 为 1 000 千米，不到 P-51 的一半，但在本土防空作战，这个航程也够用。转弯、盘旋的机动性，Me262 也比螺旋桨战斗机差一些，这一点到二战后喷气式战斗机大行其道时还是那样。

因此，结合当时战斗机的空战经验可知，Me262 不太适合缠斗，更适合采用快速冲击、射击、脱离，然后转回来再次冲击、射击、脱离这样一套战术来攻击对手特别是敌方的轰炸机。此前 P-40、P-47 等螺旋桨式战斗机，就是采用这种战术对付机动性比自己高的日本“零”式战斗机。

但是在看过 Me262 的飞行表演后，不懂空战战术的希特勒却对它不擅盘旋的弱点过分敏感，要求用它执行轰炸任务。用一架速度远超过敌方战斗机的飞机去执行轰炸任务，倒也算是一种创新，它确实能让敌方无法拦截，飞临目标上空进行轰炸。二战后喷气机时代发展出的战斗轰炸机，以及现在的多用途战斗机，也算是有同样追求。以当时德国空军一贯的空战格斗习惯，高速接近后脱离的战术确实不如美国用得多；战术轰炸特别是俯冲轰炸，则有非常成功的经验。再加上希特勒的独裁统治，德国空军对这一胡乱指挥也就没表示足够强烈的反对，还是照指示开始了 Me262 的实战准备——增加炸弹挂架，试验轰炸战术。

图 4.3.2　挂载炸弹的 Me262（作为轰炸机并非这种喷气式飞机的最好用途）

1943 年 6 月，Me262 正式投产，7 月组建了飞行队。8 月，它在北非战场第一次参战。俯冲轰炸一向不适合高速飞机，因为投弹后要拉起改为平飞，速度越快过载越大，弄不好飞机会解体。而且俯冲速度太快，不利于瞄准。德国人的 Me262 只能改为水平轰炸，可是因为速度快，投弹偏差超过千米，也没有实战效果。

直到 1944 年 6 月后，Me262 才被用于空战，找到了适合自己的战术。它配备的 30 毫米航炮，还有后来携带的火箭弹，对付大型轰炸机尤其有效。但此时盟军已占有巨大的总体优势，并想出一些办法对付 Me262。比如让护航的 P-51 事先飞在轰炸机编队上方，通过俯冲提高速度，就能对付那些转弯中的 Me262；第二就是攻击 Me262 的机场，因为它需要比较长的跑道起降，而且在起降时机动性更差；第三是轰炸德国飞机厂。

到战争结束时，Me262 一共击落 500 多架各型盟军飞机，自己损失约 100 架，战果还是很显著的。如果一开始就采用正确的战术，Me262 会给盟军轰炸机造成更大损失。

当然，Me262要想彻底扭转战局，也没有可能。到战争结束时，Me262在两年间一共只生产了1 400多架；而在同样这段时间里，美国每月就出产战斗机7 000多架，一年就有将近10万架。即便Me262更早采用合理战术，战果损失比达到10，也无法弥补双方在生产能力上的差距。

可以说，战术上过于求新，耽误了Me262这一新兵器。德国人对于新技术、新兵器作用的认识，常陷入惯性的误区。

二战时，德国装甲兵在初期闪击战中的巨大成功，很大程度来自于他们对无线电通信、机械密码技术的重视和应用，使装甲部队指挥灵活、行动迅速。战术空军对地面部队的有效支援，也来自于高效便捷的通信指挥。入侵苏联时，德军在己方坦克的火力、装甲、机动都与T-34有重大差距的情况下，还能击败对方，靠的也是优秀的坦克电台。可以说是“一招鲜，吃遍天”。到战争后期，德军虽然失去战略优势，但在局部战斗中，火力、装甲显著高于T-34、“谢尔曼”的“虎”式坦克，还是能以少胜多，频频重创对方。因此德国人对于新技术、新兵器在战场上的突出效能深有体会，但也开始抱有更多期望。特别是到战争后期，他们常常寄希望于某些新式兵器，认为它们能一招制敌、力挽狂澜。

早在二战开战之前，德国就在研究制导武器，也就是我们现在熟悉的“导弹”“制导炸弹”。德国研制Hs293反舰导弹和“弗里茨”X制导炸弹始于1939年。

Hs293是一种攻击军舰的新式兵器，德国人曾把它称为“空中鱼雷”。它最初是一种加了机翼、尾翼的普通炸弹，外形有点类似小飞机，其上装了一个无线电接收机，投放它的飞机上则装有无线电发射机、操纵杆。飞机上的操纵员通过眼睛观察 Hs 293 和目标军舰之间的位置关系，然后摆动操纵杆，遥控 Hs 293 飞向目标。后来为了增加射程，在下面加挂了一台火箭发动机。1943 年，Hs 293A1 试验成功，成为第一种实用化的空舰导弹。现在我们常说 V-1 导弹是巡航导弹的鼻祖，其实应该是 Hs 293A1。1943 年 8 月 25 日，Hs 293A1 首次用于实战，击伤了 2 艘英国护卫舰，27 日，它又击沉一艘护卫舰。

图 4.3.3　二战末期德国研制的 Hs 293A 空舰导弹及其投放和飞行

但是在当时的条件下，Hs 293A1 还存在一些关键的技术瓶颈。

首先，为了保证爆炸威力，它得用 500 千克的重型炸弹作为基体，因此整体重量超过 550 千克，德军能携带它的飞机不多。重量降低，会让威力降低，需要更多炸弹命中才能击沉敌舰，军方无法接受。无线电制导系统在当时可算是高科技产品，价格昂贵。而且它的遥控制导过程并不简单，没有那么多机会连中几发。

遥控过程是Hs293A1最致命的技术瓶颈。操纵员坐在不停运动的轰炸机上，看着斜下方的敌舰和导弹，需要在自身运动和导弹运动中判断出导弹的飞行轨迹，然后进行修正，这可不是一件容易事。据统计，Hs293A1在这种情况下的命中率是40%。与普通炸弹相比，这算得上一个非常巨大的进步，但实战中达不到这一命中率，因为有电子干扰。

盟国军舰在遭遇几次攻击后发现了一个规律——这种“长眼睛”的火箭炸弹飞来时，附近总是有一架轰炸机盘旋，而且在某个波段有无线电通信。于是，他们也在这个波段发射无线电波，进行电子干扰。Hs293A1的命中率立刻大幅度降低。

另外，盟国战斗机后来逐渐掌握了制空权。Hs293A1虽然最远能飞8.5千米，但想让大型轰炸机在这个距离上盘旋飞行半分多钟，完成制导过程，机会可不多：在盟军战斗机眼里，这架轰炸机可是好靶子。

也是因为无线电干扰、制空权的原因，德国同期研制的“弗里茨”X制导炸弹同样没能取得很大战果。它需要轰炸机飞临敌舰上空投弹，虽然命中率高得很，但德军轰炸机很难有接近盟国舰艇的

图4.3.4　德国“弗里茨”X制导炸弹

机会。1943年9月9日意大利宣布投降后，德军派12架轰炸机携带“弗里茨”X炸沉了“罗马”号战列舰。在这前后，它还曾重创盟军的几艘战列舰、巡洋舰。

如上所述，技术尚不成熟，导致这两种新兵器没能打出德国人所希望的战果，制导过程中的干扰、操作烦琐是不成熟的关键。除此之外，德国人当时还在研究X-4空空导弹、“莱茵女儿”地空导弹，也是采用无线电遥控制导，当然打飞行目标就更难了，因此它们到战争结束时还没成功。反坦克导弹，德国人除了无线电遥控制导，还在研究拖着导线接收指令的X-7“小红帽”，它是二战后各国研制反坦克导弹的基础，但在二战结束时也没来得及投入实战。

相对而言，采用不会被干扰的惯性制导方式，射程达到300多千米的V-1、V-2导弹，技术难度要小一些，二战末期投入实战，也更为世人所熟知。

其实相比V-1导弹，V-2导弹是先研制的，前期火箭弹体的研究在1932年就开始了，1937年开始实战型号的研究。它采用液体火箭发动机，垂直升空，然后像炮弹一样沿着抛物线弹道飞向目标。当时它的技术难题主要在惯性制导设备和火箭发动机上。到1942年，盟军开始空袭德国，而德国对英国的轰炸越来越困难。为了尽快扭转局面，德国人又展开了V-1导弹的研制，它采用相对简单一些的制导设备和一种简易的喷气式发动机，像飞机那样水平飞行，最后俯冲落地爆炸。由于它更简单，因此研制进度更快，抢先获得了V-1的型号名称。

V–1 导弹的飞行方式比较像飞机，速度快的战斗机可以对它进行拦截。

图 4.3.5　德国 V–1 导弹

1944 年 6 月 13 日，诺曼底登陆后，V–1 开始投入实战。9 月，V–2 也开始投入实战。

以当时的技术水平，V–1、V–2 和前面几种导弹一样，都是优缺点非常突出。它们不需要飞行员，体积小，因此在轰炸机无法突破盟军防线时，只有它们能打到英国腹地，实现战略“轰炸”。特别是 V–2，从高空坠落，盟军战斗机、高炮、防空气球等都完全无法拦截。但另一方面，以当时惯性设备和发动机的技术水平，它们飞越几百千米后的落地误差很大，V–2 导弹会偏上几千米，V–1 则更远。因此，和当时的轰炸机投掷炸弹相比，V–1、V–2 根本不能打击工厂、军事基地、港口等明确目标，只能是对整个城市和地区进行概率性地“炮击”，连集中性的高强度轰炸、空袭都算不上。

V–2 导弹的飞行方式像炮弹，速度、高度都很大，战斗机无法进行拦截。

图 4.3.6　德国 V–2 导弹

从1944年6月13日到1945年3月，德国在10个月内发射了15 000多枚V-1和3 000多枚V-2，它们对英国城市、平民造成的损伤很大。从爆炸威力来说，它们相当于3万~4万吨炸弹。可此时盟军对德国的战略轰炸，仅仅是针对石油工业设施的投弹，每月就达数万吨。盟军在1944年9月就进行过十几次千机轰炸，总计投弹远超4万吨。因此，当时即便能把V-1、V-2导弹的命中精度提高到两三千米内，一万枚导弹也才相当于一千架轰炸机的作战威力（后者能反复攻击数次）。虽然飞行员的损失能降低到零，但从打击效果来说，它们没能达到代替轰炸机的目标。

德国人一口气研制那么多种导弹，足见对新兵器、新技术是多么重视！但这重视有些过头了，摊子铺得太大，遭遇的技术难题有些多，结果希望越大，失望也越多。

4.4　导弹制胜，过早乐观的憧憬

第二次世界大战中，虽然德国人首创的很多新兵器没有扭转战局，但在战场上体现出的威力和潜力还是有目共睹的。战后喷气式飞机得到快速发展，不到十年就取代螺旋桨式飞机，成为空中战场的主力。导弹的命中率比普通炸弹、炮弹高得多，射程、威力也有很大发展潜力。于是，二战后各国都非常重视研制导弹，大量借鉴了德国人的一些成果，比如V-2的弹道导弹原理，“小红帽”反坦克导弹的有线制导等。无线电、雷达、红外、机电、火箭发动机等各方面技术也有快速发展，因此多种导弹开始进入实用化。弹道导弹结合原子弹形成的核导弹，是威力强大的战略武器。于是，导弹似乎成了包打天下的新兵器。

战术导弹中，地空导弹、空空导弹最受重视，因为二战历史已经表明，防空是一项很艰巨的任务，而一发就能击落敌机的防空导弹与需要漫天飞舞的炮弹相比，防空效果堪称“神奇”。

1956年，美国有三种空空导弹开始服役：AIM-4“猎鹰”和AIM-7“麻雀”中程空空导弹采用雷达制导，AIM-9“响尾蛇”空空导弹采用红外制导。

(a)AIM-4“猎鹰”空空导弹。

(b)AIM-7和AIM-9长期是美军的主力空空导弹。这架F/A-18C舰载战斗机左翼尖挂着一枚AIM-9，右翼下副油箱旁是一枚AIM-7。

图4.4.1 美国的“猎鹰”“麻雀”和“响尾蛇”空空导弹

美国空军对空空导弹非常看好，甚至产生了“导弹代替航炮”的观点。1953 年他们开始研制 F-4 战斗机，1954 年提出取消航炮，只在机腹开槽，携带 4 枚 AIM-7“麻雀”空空导弹。他们的想法是：F-4 不带副油箱以外的任何外挂物，导弹半埋式地挂在机腹那些槽内，这样飞行速度能尽量快；高速接近苏联轰炸机后，在几十千米外发射这种雷达制导的空空导弹，远距离击落目标。他们连 AIM-9 那样的近程导弹都不打算带。

在右图中可以看到，进气口下方有两条凹槽，是用来挂空空导弹的。飞机上没有固定的航炮。

图 4.4.2　美国海军早期的 F-4 战斗机

但是在 F-4 参加越南战争后，美国人发现自己先前想错了。

F-4 加“麻雀”的战术，本是在高空对付苏联大型轰炸机的。到了越南战场，空中遍布美军自己的作战飞机，而越南飞机都是混杂其间的小个头战斗机，多在低空飞行。当时的敌我识别技术还不成熟，因此 F-4 的飞行员们不敢随便射出导弹，必须飞近目标，用肉眼确认对方是敌机后才敢发射，这就完全失去了“麻雀”导弹的射程优势。“麻雀”导弹头部的制导雷达也没有预想的那么可靠，受到地面杂波的干扰后更是容易丢失目标，作用距离降低。

给 F-4 恢复机翼下的挂架，携带“响尾蛇”红外制导空空导弹后，效果好了一些，但它们的作战效果也比预想的要低。虽然没有用航炮时要求那么高，可早期的“响尾蛇”导弹还是要在敌机后半球发射才能锁定目标。发射后，导弹也容易受到阳光、照明弹的干扰而丢失目标。空战中还曾发生过“响尾蛇”咬住敌机后，由于敌机和己方飞机交叉机动，结果导弹转而跟上己方飞机将其击落的情况。而且 F-4 一旦把自己携带的 2～4 枚“响尾蛇”发射出去，就再也没了空战武器，陷入挨打的境地。

于是，应前线飞行员的要求，F-4 被紧急配备了航炮吊舱。随后在 F-4E 型上，加装了一门固定的航炮。

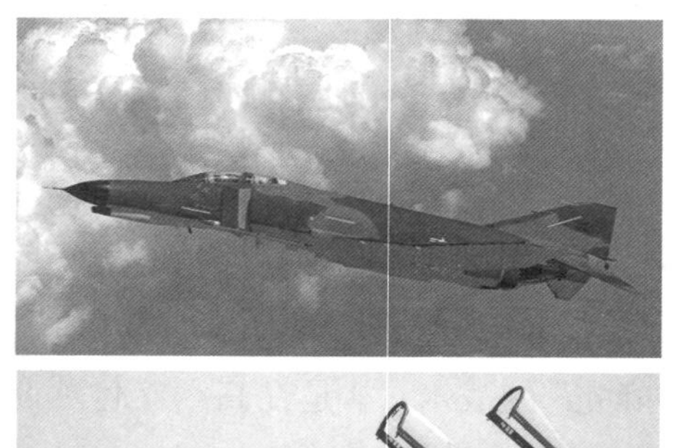

F-4E 机头下方、前起落架的前方明显多出一个条状物，就是补加的固定航炮。

图 4.4.3　F-4E 战斗机

对待反坦克导弹和坦克、坦克炮，也曾有类似的态度。20世纪50年代反坦克导弹投入实战后，就曾出现“坦克无用论”等观点，认为步兵携带一枚反坦克导弹就能摧毁一辆坦克。这种看法有一定道理，但忽略了步兵与坦克面对炮火、炸弹攻击时生存力的差别。如果你没有坦克、装甲车辆，只有步兵，敌人对付你时就会更加容易。

“坦克无用论”的观点当然很极端，没有国家因此而放弃坦克，但很多国家在研制坦克时多少受到这一观点的影响。法国是最早使用反坦克导弹的国家，也曾因此对坦克装甲失去信心，于是在20世纪五六十年代他们热衷于研制轻型坦克，认为靠机动、数量来提高生存力要比靠装甲更可靠。

美国人则认为反坦克导弹可以代替坦克炮，于是在研制M551“谢里登”轻型坦克时，为它配备了一门152毫米的大口径短管炮，发射“橡树棍”反坦克导弹打敌方坦克，发射榴弹打工事、步兵。

图4.4.4　美国M551“谢里登”轻型坦克

好在人们很快就意识到不能完全依赖反坦克导弹，因为施放烟幕弹等简单措施就能干扰反坦克导弹，而及时的炮火反击、覆盖能摧毁敌方的导弹射手和阵地。

到 20 世纪 70 年代，人们终于不再迷信导弹，认识到它们也有一些缺点和劣势，航炮、坦克、坦克炮等传统武器又得到应有的重视和发展。此后，导弹技术不断进步，用途越来越广泛；航炮、坦克、装甲、火炮等也在进步，并从导弹发展中借鉴了先进技术。现在，制导技术已经和很多兵器结合，出现了制导炮弹、炮射导弹甚至制导子弹。

五、平衡产生威力

前面我们已经看到，从箭、剑到航母都蕴含着复杂的技术，从甲午海战、航母崛起中看到技术进步事关战场生死。可是兵器技术进步的方向也很难抉择：勇于创新才有了航母崛起，但简洁实用造就了二战最优秀的冲锋枪和坦克。进步多了，胜利多了，如果收不住脚，又会从成功走向失败。

其实，这一难题是可以解决的，办法就是中国古代哲学中最重要的思想之一——中庸。用现代的词说，就是平衡、均衡。针对当时的技术条件、战场环境，把新颖和成熟，性能和成本，威力和数量，等等各方面都平衡好，往往就能设计出确实有效的新兵器。不过，这个平衡状态也是随着时间的脚步，技术、环境的变化，在不断改变。

5.1 突击步枪，粗细长短要权衡

步枪从二战到现在的发展之路，特别是子弹的发展之路，就体现出这种平衡状态的不断变化。

从一战前到二战中，步枪都是单发射击，因此要尽量提高每一颗子弹的射程、精度、威力，射杀七八百米外的敌人。但是人们也发现，连发射击的压制作用越来越重要。发射手枪弹、连发射击的冲锋枪，虽然射程只有一两百米，但火力密度大，近战、巷战时效果比步枪好得多。即便是步枪，美国M1式伽兰德半自动步枪也体现出巨大威力，两支枪就能压制日军一个步兵班。

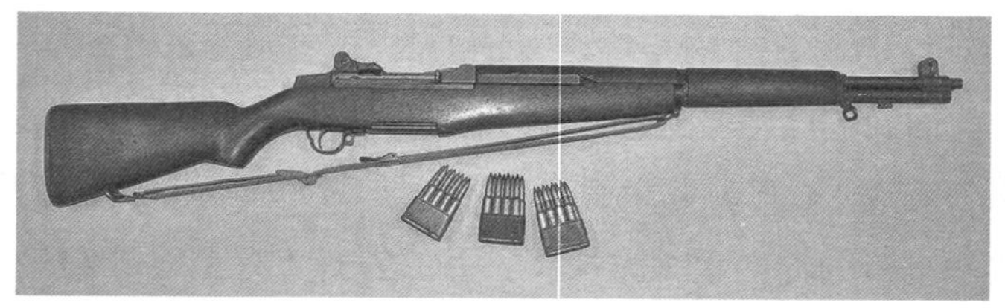

美国M1式伽兰德步枪能半自动射击，只需扣动扳机就能连续发射子弹，而德军、日军的步枪每次射击后都要用手拉动枪栓。

图5.1.1 美国M1式伽兰德步枪

德国人最先想到让冲锋枪的火力密度体现到步枪上，开始设计能连发的步枪。这种情况下，子弹威力不能再那么大了，否则连发射击的后坐力难以承受，枪械也会变得很重。于是他们在7.92×57毫米毛瑟步枪弹的基础上，缩短弹壳、减少发

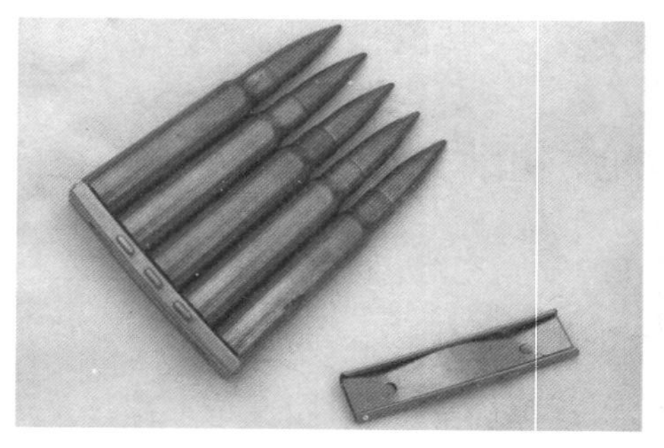

图5.1.2 7.92×57毫米毛瑟步枪弹和7.92×33毫米短步枪弹（后者是给StG44突击步枪用的）

射药，设计出 7.92×33 毫米的短步枪弹，然后以发射这种子弹为基础，研制出世界上第一种突击步枪 StG44。

二战后，苏联人学习这种方法，在自己的 7.62×54 毫米步枪弹基础上，设计出 7.62×39 毫米的中间型枪弹。称“中间”，是因为它的长度、重量、威力都介于当时的步枪弹和手枪弹之间。随后在此基础上出现了著名的 AK47 卡拉什尼科夫突击步枪。

英国人也对二战经验做了认真总结，觉得步枪有效射程三四百米就够了，再远也很难打准，没必要。他们还提出了减小口径的方法，把弹头、发射药重量都降低。经过很多试验，英国武器专家们认为 7.1 毫米口径最好。当时美英等国成立了“北大西洋公约组织”，也就是北约。为了加强军事联盟，各国计划把武器装备的一些技术参数作为标准确定下来，这样方便以后在后勤保障、作战指挥上统一协调。枪弹口径可以说是最重要的标准，于是英国人提出把北约枪弹的标准口径定为 7.1 毫米。

但是美国人不愿意。表面理由是说口径小了威力小。二战中日本的三八式步枪（俗称“三八大盖”）用的就是 6.5 毫米的口径，精度好，但杀伤力弱。但更重要的原因是美国军火商们不乐意：标准定成 7.1 毫米，那我不是得改生产线吗？子弹的、步枪的都得改。还有很多库存的子弹、步枪，岂不是没法卖给北约部队？于是美国人坚持把自己的 7.62×51 毫米步枪弹定为北约标准，美国还在它的基础上研制出 M14 自动步枪。

图 5.1.3　美军在越战初期采用的 M14 自动步枪

随后的越南战争中，很快就证明美国人的自私决定是错误的。

发射大威力步枪弹的 M14，和越南人用的苏联 AK47 相比，一支枪配 120 发子弹，重量会多 1.2 千克左右。虽然只不过是两瓶矿泉水的重量，但越南战场是亚热带丛林，步兵大多要靠自己的双腿行军，这 1.2 千克也是很讨厌的。更重要的是，M14 的后坐力是 AK47 的 2.6 倍，连发时很难控制。后坐力大也让该枪的可靠性降低，经常卡壳。至于 M14 在威力上的优点——子弹动能高 75%，射程远一倍，在丛林里都压根儿没用。这是因为双方经常是走到跟前，相距十几米甚至几米时才看到对方，开始对射。远一些开火，会全打在树干、叶子上，没啥用处。

美国大兵们很快就怨声载道，头头们一看这样下去不行，就赶紧研制新枪。这次他们把重量放在了第一位，选择了 5.56 毫米口径。于是，世界上第一种小口径步枪 M16 诞生了。它发射的 5.56 × 45 毫米枪弹，重量只有原来 7.62 × 51 毫米北约弹的一半，枪本身也轻了 1.4 千克，这样一支枪配 120 发子弹，一共减轻了 2.8 千克，比对手的 AK47 还要轻。虽然弹头的重量只有 AK47 的一半，但速度高 37%，而且在外形、旋转上进行了一些改进，射入人体后的杀伤力反倒更高。

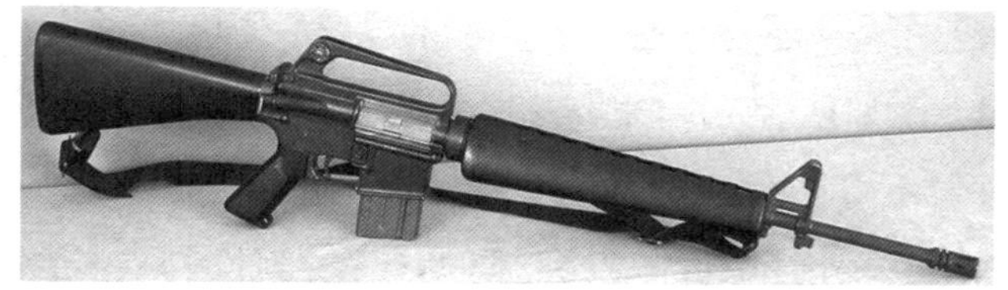

图5.1.4　美国M16突击步枪

早期的M16因为设计匆忙，可靠性低，经过改进后才得到美国大兵们的认可。此后M16系列，以及在它基础上发展出的M4系列，成为美军乃至很多北约国家的制式步枪。各国的突击步枪也纷纷进入小口径时代。苏联研制了5.45×39.5毫米枪弹，以及AK74型突击步枪。北约、华约两大军事集团，分别以5.56毫米和5.45毫米为标准口径。20世纪90年代，我国则研制出5.8×42毫米枪弹和95系列突击步枪。

不是要小口径吗？为什么我国后研制的比美苏的口径还大？这是因为先前的平衡状态再次改变了。

先前说过，英国人当初建议的口径是7.1毫米。他们是结合欧洲战场的经验和试验，认为这个口径最佳。而美国人在越战中碰到问题后，就只想着越战了，搞出的5.56毫米挺适合丛林环境。可是后来到了阿富汗、伊拉克，小口径的短处被放大。那里基本都是戈壁、山地，一两千米外就能看到敌人。经常是反美武装的AK47射出的7.62毫米子弹早早打来，而美国大兵射出的5.56毫米子弹因为弹头轻，飞到400米外就没劲了，没什么杀伤力。于是，美军把M14步枪从库房里拿出，当作狙击步枪用；机枪，也经常放弃5.56毫米的M249班用轻机枪，换用7.62毫米的M240。

除了距离，还有一些战场环境的变化，影响了子弹、步枪的威力，比如防弹衣越来越多，头盔也越来越好。5.56毫米子弹对付不穿防弹衣的敌人，距离远也没问题；现在有防弹衣，三四百米外打中目标，穿过防弹衣后，就没剩下多少威力。7.62毫米子弹就算打不透防弹衣、头盔，但重量大、冲击强，还能造成一些伤害。还有城市战，过去是普通砖瓦房加花园灌木，现在则常有防盗门、钢铁卷帘门等等，高楼大厦、混凝土结构也更多。英国人其实还算科学，没提出在威力上降太多，所以是7.1毫米。而美国人只想着丛林，没考虑进城，结果在伊拉克的巴格达、摩苏尔，5.56毫米子弹再次吃亏。

我国研制小口径枪弹时，虽然还没发生海湾战争、伊拉克战争，但已经注意到这类问题。因此，在对比试验后，综合考虑射程、穿透力、重量，选择了5.8毫米口径。

俗话说，三十年河东，三十年河西。当年子弹口径大了不好，小了适合亚热带战场；随后战场由丛林转到中东、城市，口径又是稍大些好。现在一些美国枪械公司推出了6.8毫米口径枪弹，希望在射程、威力、重量上找到新的平衡点。不过，枪弹和枪的装备量巨大，不可能频繁改动，美国大兵们只能先忍一段时间了，或者等革命性的新技术出现，让5.56毫米口径的子弹威力大幅度提高。

5.2　驱逐舰、护卫舰，均衡之后成主力

无论小个头的步枪，还是大个头的坦克、飞机、军舰，发展过程中都是在不断寻求一种平衡。坦克是火力、装甲、防护

三大性能的平衡，飞机要平衡速度和机动性。军舰里我们讲过的航母，也曾在如何配备火炮上摸索试验。这一节我们讲一讲现在最常见的军舰——驱逐舰和护卫舰，它们个头小，在有限重量里平衡好火力、速度、适航性也不容易。

驱逐舰的出现要比战列舰、巡洋舰、护卫舰晚得多，是专门为了对付鱼雷艇而在鱼雷艇的基础上发展形成的。

1866年，英国工程师罗伯特·怀特黑德研制出鱼雷；1877年，第一艘鱼雷艇在英国服役。1878年的俄土战争中，俄国海军用鱼雷、鱼雷艇击沉土耳其舰船6艘，12岁的鱼雷和1岁的鱼雷艇充分展现出它们的威力。此后20年间，仅欧洲各国就一共建造了至少830艘鱼雷艇。特别是法国，把大量的鱼雷艇作为对抗英国海上优势的手段。因此，英国海军在发展自己的鱼雷艇的同时，马上寻求对付鱼雷艇的方法。可以说，法国想用新的舰艇追上海军老大，英国则要用更新的舰艇保住自己的老大地位。

1888年，英国建成4艘“眼镜蛇”级“鱼雷捕捉舰”。它们排水量为400多吨，配有5个鱼雷发射管，以及4门120毫米速射炮和4门37毫米机关炮。但它的航速在理想状态下只有24节，而当时法国有的鱼雷艇已经达到27.5节。英国海军在1889年又订购了13艘“眼镜蛇”级的改进型，但大家对这种舰还是没法抱太大希望。

1892年，英国海军再次提出研制新舰，要求航速达到27节，配备一门76毫米炮、3门57毫米炮、3个鱼雷发射管。8月8日的一次官方通信中，出现了“Torpedo Boat Destroyer”

（鱼雷艇驱逐舰）这一说法，后来“Destroyer”就成为驱逐舰的英文名称。

1893年10月，“哈沃克”号建成，被看作世界上第一艘驱逐舰。它满载排水量275吨，最高航速26节，更像是大号鱼雷艇。船体尺寸没大多少，火炮、船员更多，航速还要求和鱼雷艇差不多，因此它只能在结构重量、舒适性上付出代价。比如船壳只有3.2毫米厚，经常出现“颤动”；军官都没有住舱，各舱室缺乏空调或隔热层，到处滴水。不过驱逐舰的战术原则倒是被基本确定下来：依靠速度和舰炮拦截、驱逐敌方鱼雷艇，还能对敌方主力舰实施鱼雷攻击。

图5.2.1　第一艘驱逐舰——英国海军的“哈沃克”号

上述不理想的状态也是因为动力装置所限。此时，军舰采用的锅炉和往复式蒸汽机已经发展到极限。三四百吨的驱逐舰要想把航速或排水量中的任何一方提高，所需动力装置都会太大，布置起来通风、散热很难解决。特别是往复式蒸汽机有强烈振动，提高航速会让船体结构无法承受。

1897年，英国皇家海军大检阅上出现了一艘游艇——“特比尼亚”号，它采用了新出现的蒸汽涡轮发动机，跑出了前所未有的34.5节航速。蒸汽涡轮机的潜力强烈吸引了英国海军，他们立刻着手建造了三艘驱逐舰——“蝮蛇”号、“眼镜蛇”号和“大蟒”号。1899年“蝮蛇”号下水，试航中航速曾达到36节，30节对它来说很轻松。特别是振动“几乎没有”，机件磨损少。低速时燃煤消耗量大，但在高速时要比老式驱逐舰经济。蒸汽涡轮机让驱逐舰的发展进入了一个新阶段。

图5.2.2 “特比尼亚”号游艇——世界上第一艘采用蒸汽轮机的船舶

一开始的驱逐舰和其它军舰一样，也采用往复式蒸汽机，后来英国建造的“蝮蛇”号驱逐舰采用了蒸汽轮机，它不仅尺寸小，振动更是小了很多，非常适合驱逐舰这样的轻型舰艇。

图5.2.3 往复式蒸汽机、“蝮蛇”号驱逐舰和蒸汽轮机

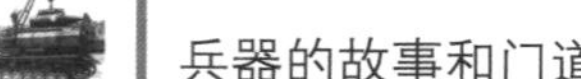

1901年，英国海军提出建造新的驱逐舰：排水量可超过500吨，最高航速25.5节即可；适航性和舒适性要大幅提高，能在海上逗留较长时间。武器还是以1门76毫米炮、2个鱼雷发射管为主，而且采用了美国人那样的高首楼。

随后，英国驱逐舰又平稳发展了十多年，逐渐在吨位、武器装备上和鱼雷艇有了明显区别：排水量达到1 000多吨，最大航程超过3 000海里，足以伴随主力舰队远航作战；一般都有1～4门100毫米左右的主炮，几个鱼雷发射管。

英国驱逐舰的发展必然会影响到其它国家。美国相继建造了类似的驱逐舰，而且和英国海军一样逐渐用油代替煤作为燃料。德国因为其能源条件，更喜欢烧煤，他们虽然一直没有“驱逐舰”的叫法，但建造的大型鱼雷艇在总体性能上和英国驱逐舰很类似。法国则对驱逐舰的兴趣不太大，逐渐在这方面落后。

第一次世界大战的海战中，驱逐舰发挥了突出作用，不仅仅是“驱逐”鱼雷艇，巡逻、护航、反潜甚至布雷、输送两栖部队登陆，它们都干过。不同用途和战术需求自然有不同的技术要求。

图 5.2.4　第一次世界大战时期的英国驱逐舰

英德之间的日德兰海战表明，鱼雷的攻击效果没有预想的那么高，因为双方舰队已经对此早有准备，经常转向规避。但对于主力舰的大炮决战，鱼雷有很好的辅助作用，特别是在扇形发射大批鱼雷时。此时主力舰进行规避，就会破坏自己的射击阵型，发挥不出巨炮的威力，或者无法追击敌舰。因此，给驱逐舰配备更多鱼雷发射管，是不错的选择。

这艘一战时期的驱逐舰在烟囱后面布置了两组鱼雷发射管，分布在探照灯前后，每组有三到五具发射管，因此一次能齐射出近十枚鱼雷。

图 5.2.5　一战时期驱逐舰上的鱼雷发射管

一战中，驱逐舰还大量参加巡逻、护航任务。在反潜战中，驱逐舰依靠快速和火炮，发挥了出人意料的作用。当时潜艇大多在水面航行，被发现后才下潜。驱逐舰能赶在敌人潜艇下潜之前实施攻击。除了火炮射击，它还能撞击潜艇指挥塔，当时曾有过几次成功的战例，因此一些新造的驱逐舰在舰首加上双层船壳，专门为了撞沉潜艇。不过这不是主流办法，在水听器、深水炸弹普及后就没再特意采用了。

布设水雷，运输登陆部队，也成为当时驱逐舰执行过的重要任务。因此，在第一次世界大战中，驱逐舰从原本专门设计

用来对付鱼雷艇的小型舰艇，迅速演变成多用途战舰，成为舰队中的重要组成部分。

但要想把上述各种任务都执行好，驱逐舰要在排水量、动力、武器、航速、航程、适航性、舒适度等各方面做好平衡。这个难度实在太大，即便能做到，也必然是各方面性能都不高。于是，另一个舰种——护卫舰发展了起来。

护卫舰的名称在16世纪就有了，当时是一种轻快的三桅武装船。进入蒸汽铁甲舰时代后，护卫舰作为专门舰种很少被提及。一战中，人们开始建造一些简化版的驱逐舰，或者说是加强版的武装商船，形成了护卫舰。

驱逐舰继续以伴随主力舰队作战为主，因此保持超过30节的高航速；100毫米左右甚至150毫米的主炮有三四门；鱼雷发射管，大多采用两三座三联装甚至五联装发射管，能一次齐射出10枚左右的鱼雷。为了装载这些武器和动力装置，船体逐渐向大型化发展，很快接近2 000吨。

护卫舰则专门负责商船的护航、反潜，航速最高18节即可。武器上，一两门炮就可以对付潜艇了，鱼雷发射管则不需要，而反潜火箭、深水炸弹投放架非常需要。更重要的是廉价，要能迅速大批量建造。

对于远航能力，两者都有比较高的要求；装甲防护，则是从一开始就不考虑。

到二战时，驱逐舰、护卫舰已经成为重要性不亚于战列舰、巡洋舰的主力舰种。

二战时的美国驱逐舰和护卫舰（当时美国叫护航驱逐舰），可以看出前者主炮是带炮塔的，后者是敞开式的；烟囱前者两根，后者一根，航速有明显差别。

图 5.2.6　二战时美国的驱逐舰和护卫舰

驱逐舰在发展之初，逐渐寻找到适合自己的重量、动力、火力搭配，比如航速不再要求那么高，向动力装置做点妥协。当海战形式需要它承担更多任务而难以负担后，护卫舰分担过去一部分。于是人们分别给驱逐舰、护卫舰制定目标，以平衡火力、武器、成本方面的很多矛盾要求。

5.3　潜艇，平衡发展才能战

上一节说了专门打潜艇的护卫舰，就跟着说说潜艇吧。潜艇也可以算最能代表“平衡”的兵器——潜艇能在水里下潜上浮，靠的就是调节自身重量和浮力的平衡。不过，我们这里不讲它怎么潜浮的物理学问题，而是聊聊潜艇变成兵器走上战场所经历的另一种“平衡”——各方面技术的平衡。

很多人可能听说过，最早用于战争的潜艇是1776年美国独立战争时戴维特·布什内尔设计建造的“海龟”号。它是一个蛋形的木壳船，依靠水泵和一个垂直的螺旋桨潜浮，游得很慢，攻击敌舰的武器也就一小桶炸药，战斗能力很弱。在仅有的一次实战中，它也没能把炸药放到英国军舰的船底。因此，“海龟”号离实用型潜艇还有很大差距。

图 5.3.1 1776 年独立战争时期美国人建造的“海龟”号潜艇

这其实也很正常，因为18世纪的技术条件还支撑不起潜艇的发明制造，或者说，还只能造出一艘“可以潜水的船”，而不是“可以潜水的军舰”。有关潜艇沉浮的原理，之前就有很多人提过。比如英国人威廉·伯恩在1578年出版的一本书中就写到，在水中改变一个物体的体积，就能控制它的浮沉；而改变体积的方法，可以是给物体设计一个能伸缩的部分，用皮

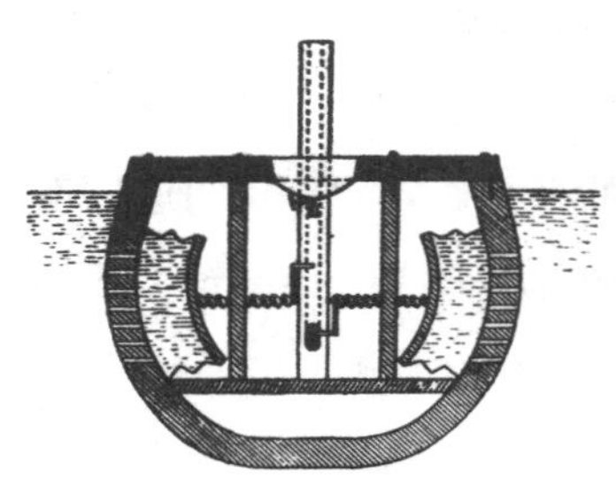
(a)英国人威廉·伯恩绘制的潜艇原理图。

(b)荷兰工程师、发明家科内利斯·德尔贝来设计建造的潜艇。

图 5.3.2 “海龟”号之前的潜艇设想和潜艇

革密封，内部设螺旋装置来控制伸缩。1620年，荷兰工程师、发明家科内利斯·德尔贝来设计建造过一艘潜艇，内置木框，外蒙牛皮，通过向羊皮囊注水、挤水来实现下潜、上浮。整个17、18世纪，还有很多人尝试过潜艇，但留下的资料非常稀少，成效也不大。1801年，美国人富尔顿设计的“鹦鹉螺”号才算进了一步，在试验中把一枚水雷放到一艘帆船下，成功地炸毁了它。

图5.3.3 “鹦鹉螺”号潜艇模型（水面航行靠风帆，水下靠人力转动的螺旋桨）

时间到了1864年，美国南北战争期间，南军建造了“亨利”号潜艇。它像一根细长的雪茄，由8个人摇动一根螺旋桨来推进，靠艇内空气维持短时间的呼吸。艇首有根长杆，前端

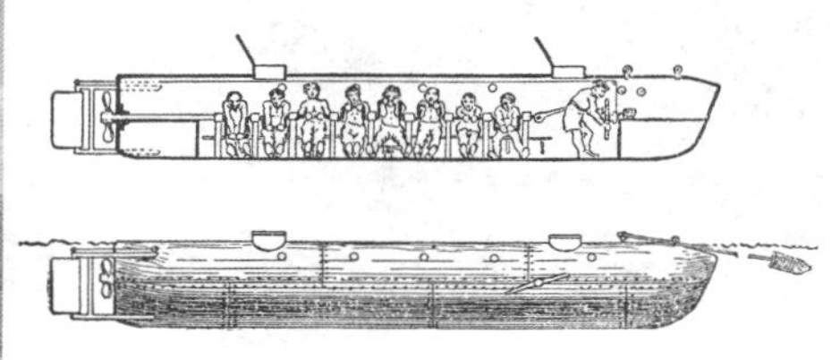

图5.3.4 美国南北战争时期南军建造的“亨利”号潜艇

是一颗水雷。1864年2月17日夜，“亨利”号潜艇炸沉了北军战舰“豪萨托尼克”号，这是潜艇第一次在实战中击沉军舰，不过它自己也沉了。

在“亨利”号潜艇之前，当时的美国南北方都在尝试建造潜艇，先造出来的其实是工业能力更强的北方，在1862年就造出了“短吻鳄”号潜艇，而且是美国海军订购的。1863年3月18日，林肯总统还参观过该舰的演练；3月31日，北军将它拖往南卡罗莱纳州参战，结果第二天遭遇坏天气，这艘潜艇沉没了。它也是采用手摇螺旋桨推进，武器是由潜水员布设到敌舰下方的水雷。

南方则在1862年建成了“先锋”号潜艇，并在密西西比河进行了试验。但由于北军迅速逼近新奥尔良，他们只能放弃了该艇。设计者们在1863年建造了“美国潜水者”号潜艇，曾攻击过北方军舰，但没有成功，后来该艇

(a)北军的“短吻鳄”号潜艇。

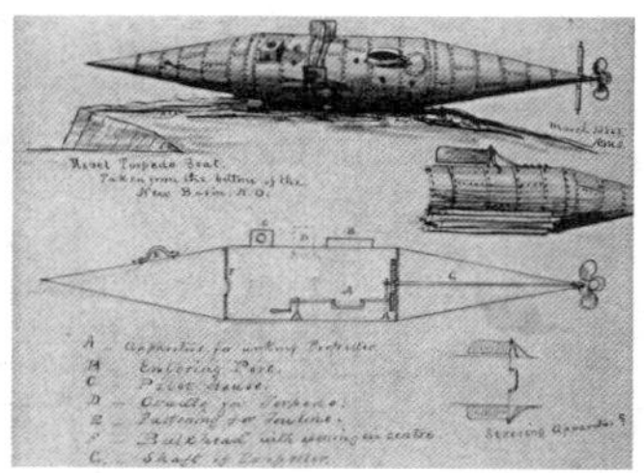

(b)南军的“先锋”号潜艇及其设计图。

图 5.3.5　“亨利”号之前美国南北战争双方建造的潜艇

在风暴中沉没。随后，他们建造了“亨利”号。

从1620年到1864的两百多年间，潜艇从木壳发展到金属壳，形状除了蛋形，还有纺锤形、橄榄形，虽然能炸敌舰了，但还是人力推进，没有摆脱龟速、危险、战斗力弱的缺点。它们只是在下潜、上浮方面，有了一些成功的探索。

这些早期发展经历已经表明，潜艇的各方面技术中，潜浮控制只是一条腿，动力推进、武器是另外两条。三条坚实、平衡的腿，才能稳定支撑起真正的潜艇。

1863年，在美国和法国，动力推进这条短腿得到一点发展。

美国南北战争期间，南方除了建造了“亨利”艇，还造过“戴维”艇。“戴维”艇身披装甲，采用小型蒸汽机做动力，前端也是长杆水雷。它在水面航行时，只有很少一部分露出水面；关闭舱盖后，锅炉虽然不再烧，但利用余热，还能产生些蒸汽，推动“戴维”艇在水下前进一段。不过这样既危险，又让艇里闷热难耐，所以它只能算是“潜水冲锋艇”，但好歹是从人力向机械动力进了一步。

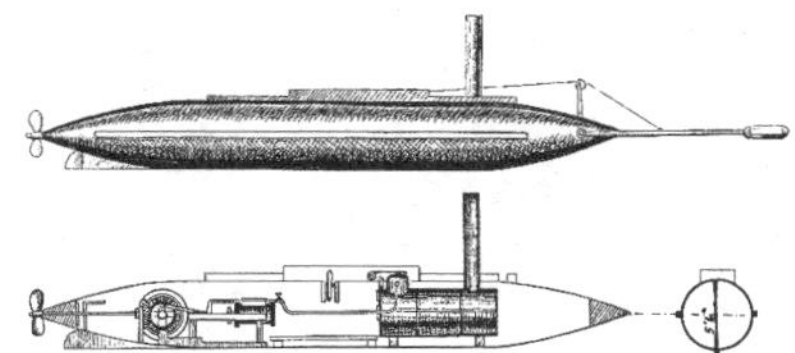

图5.3.6　蒸汽动力的“戴维”艇只能算是“半潜艇”

法国建造的“潜水员”号潜艇则靠一台约59千瓦（80马力）的压缩空气发动机推进，因此能在水下潜航3小时。其船头顶着一根杆雷，船头部分有一个红色大气罐，里面装着压缩空气。它长达40米，排水量高达420吨，这样才有足够的空间储存压缩空气。它的实用性还是不够。

图5.3.7　法国“潜水员”号潜艇模型

1878年，爱尔兰人约翰·菲利普·霍兰(潜艇发展史上最重要的一位发明家)在美国造出了“霍兰”Ⅰ号潜艇。它装了一台约11千瓦(15马力)的内燃机，体积、重量都更适合潜艇，终于让动力推进方面不再那么弱。不过，这只解决了水面的推进问题，还不是水下的，潜入水下后，内燃机就停了，潜艇靠惯性前进。“霍兰”Ⅰ号是一艘试验艇，霍兰用它验证自己的一些设计方案。然后他在1881年建造了“霍兰”Ⅱ号，在潜浮技术上前进了一大步。

图5.3.8　潜艇发明家约翰·菲利普·霍兰

过去，发明家们大多是调整浮力来控制潜浮，这样并不容易。“霍兰”Ⅱ号则保留了一点浮力调整，另外通过调整艇尾的升降舵，让潜艇在前进时有些上仰或下俯，这样就能改变深度。现代潜艇虽然由于体积大了，压载水舱的控制水平也高，能通过调整浮力改变深浅，但在一般的航行、作战中，也是靠这样的升降舵来快速改变深度。

虽然当时在霍兰的努力下，潜艇的潜浮控制技术得以成熟，一条腿长好了，但动力推进技术只解决了一半，武器方面则依旧短缺，“霍兰”Ⅱ号连普通渔船都很难打沉。它只装了一门3米多长、口径228毫米的空气炮，能在水下打出一条将近1米长的“鱼雷”，其实就是一根长条形的水雷。没有动力的雷不仅“飞”不远，而且往往在水下前进几米后就破水而出、射向空中了，压根儿没有威力。

潜艇急需真正能在水下作战的武器！

其实这武器已经有了——1866年英国人罗伯特·怀特黑德发明的鱼雷。它前面装8千克炸药，后面有个压缩空气发动机带动螺旋桨，能以6节的速度前进180米，后来提高到30千克炸药、前进900多米。1877～1878年的俄土战争中，俄国海军用这种鱼雷击沉了6艘土耳其舰艇，于是各国海军都抢购怀特黑德鱼雷（怀特黑德的英文字面意思是“白头”，因此这最早的鱼雷也被叫作“白头鱼雷”），鱼雷艇很快发展起来。这时有两个人把鱼雷和潜艇联系到一起。

一位是英国牧师雷文伦德·乔治·迦莱德。他热衷于潜艇事业，1878年造了一艘小型人力推进潜艇，第二年又造了艘蒸汽动力的。虽然都不如霍兰的设计好，但迦莱德和霍兰一样，也想到用升降舵控制潜浮，只不过他把升降舵装在艇首。

另一个人是瑞典工业家索尔斯坦·诺德费尔特。他的工厂以造速射炮而闻名，被广泛用来对付鱼雷艇。诺德费尔特这个人还挺能做换位思考：我的速射炮让鱼雷没法从鱼雷艇上射出，那能不能从别的地方射出，继续发挥鱼雷的威力呢？他想到了潜艇，于是找到了迦莱德。

1885 年，在诺德费尔特的资助下，迦莱德设计建造了“诺德费尔特”Ⅰ号潜艇。艇首有鱼雷发射管，武器方面成熟了，但为了给鱼雷发射创造好的条件，这艘潜艇在潜浮控制上却退步了：它在两舷装着垂直方向的螺旋桨来控制下潜，因为这样艇体能保持水平状态，鱼雷不会打高或打低。而且在动力推进上，它还采用蒸汽动力，潜水后靠余热推进。内部高温、下潜费力，而且锅炉里装着晃动的水，稳定性实难保证。该潜艇的推销倒是很成功：希腊买了第一艘，但从来不用于水下航行；土耳其买了第二艘，试验证明其水下航行时很难控制；俄国买了第三艘，交付时就搁浅了。

图 5.3.9　“诺德费尔特”Ⅰ号潜艇

在潜浮控制、动力推进、武器三方面，迦莱德还是没掌握好平衡，只有武器一枝独秀。因此，他的潜艇还是没能成功驶向战场。把他的设计与霍兰的设计加起来，也不过两条半腿：可行的潜浮控制和武器，水上好、水下糟的动力推进。

这时潜艇已经引起很多国家官方的关注。法国海军就非常积极，因为他们一直梦想着打败海上霸主——英国皇家海军。1886 年，法国海军部开始出资建造两艘潜艇。

一艘采用了法国人高贝特设计的万向接头，这样螺旋桨能改变方向，同时对潜艇的水平、垂直状态进行控制。这项技术有新意，但实用性不高，因此后来没得到发展。

第二艘则重要得多，因为它的动力是一台由蓄电池供电的约 40 千瓦（55 马力）电动机，能在水下提供更持久的推进力，也方便了潜浮控制。随后，设计师古斯塔夫·齐德继续建造更大的一艘潜艇。1893 年，新潜艇下水。由于设计师在此前的一次爆炸事故中牺牲，该艇被命名为“古斯塔夫·齐德”号。它长约 45 米，排水量 266 吨。在几年后的一次演习中，“古斯

图 5.3.10　“古斯塔夫·齐德”号潜艇

塔夫·齐德”号潜艇用鱼雷击沉了一艘战舰。

可靠的潜浮控制，蓄电池加电动机的动力推进，还有鱼雷当武器，法国潜艇把这几项技术组合到一起，已经很接近成功了。但这套动力推进系统还是有个缺点——续航力小，蓄电池里的电耗尽后，潜艇就没法动了。

此时，在大西洋另一边的美国，霍兰还在不断设计新潜艇，向成功一步步迈进。他不断参加美国海军举办的潜艇设计竞赛，并获得好成绩。但海军提出的性能指标经常不切合实际，比如水面航速要高、续航力要大，逼得霍兰只能采用蒸汽机，可事实已经证明蒸汽动力不适合潜艇。

后来，霍兰抛开海军的条条框框，在1896年造出“霍兰”Ⅵ号。它首次采用了双推进系统——水面时由内燃机负责推进，同时给蓄电池充电；水下时则由电动机负责推进。于是，潜艇终于有了合格的动力推进技术，这样的配置方法也一直沿用到现在。武器自然是鱼雷，能让潜艇在1 000米外向目标发出致命一击。

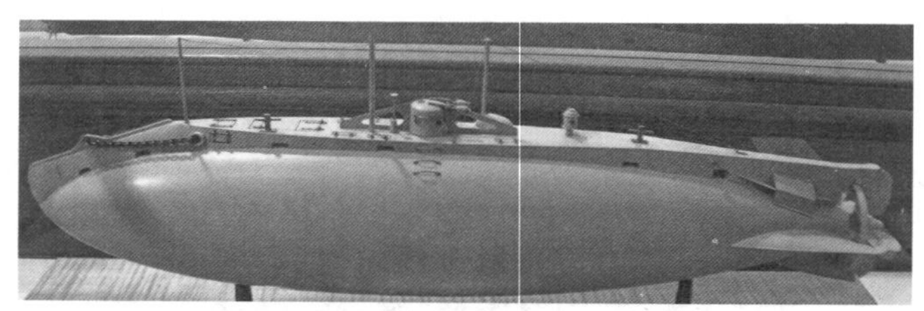

图 5.3.11 “霍兰”潜艇的模型

“霍兰”Ⅵ号被看作第一艘真正意义上的潜艇。它能可靠地控制下潜上浮；水上水下的航速虽然不高，只有7节和5节，但也不算龟速，能和敌舰周旋了；攻击目标的武器是鱼雷，不再像长杆水雷那样要潜艇“舍生忘死”。

1900年，美国海军拨款15万美元，委托霍兰建造更多的潜艇，他创办的电船公司也成为美国海军潜艇的主要生产商。直到现在，美国海军的大部分核潜艇仍是电船公司建造的。

至此，潜艇终于在潜浮控制、动力推进、武器三个最关键的技术方面都得到平衡、足够的发展，三条坚实的腿支撑起潜艇这一种新型兵器——未来的水下杀手。

图5.3.12　美国海军早期装备的“霍兰”潜艇

有关现代潜艇的发明过程，到这本应结束，但“霍兰”Ⅵ号还是有个小细节没平衡好，因此和后来一战、二战中实战的潜艇还有点区别，那就是外形。

霍兰设计潜艇时，一直在从“潜”的环境考虑，因此他的潜艇都近似鱼形，这在水下航行时阻力小。但浮到水面航行时，由于波浪影响，这种鱼形以及纺锤形、水滴形，阻力都急剧变大，碰上风浪就更麻烦，这时候还是驱逐舰、鱼雷艇那样的外形更好。

法国海军就一直没看上“霍兰”潜艇，而钟情于自己的“古

斯塔夫·齐德”潜艇，并在不断改进它。他们也通过一些竞赛，寻找潜艇设计上的新思想。1899年，参赛者劳贝夫设计的“纳维尔”号潜艇下水，它与“霍兰”Ⅵ号一样有鱼雷，在水下用电动机、蓄电池，但它没用内燃机，而是用了蒸汽机。另外一大区别是，它在鱼形的艇体外壳之外，又加了一层鱼雷艇外形的外壳。内部外壳能承受潜水时的水压，叫耐压壳；外面那个外壳薄而轻，只是个外形，叫作非耐压壳。但就是这种外形，加上蒸汽机，让“纳维尔”号的水面航速达到11节，比“霍兰”Ⅵ号快一半多。在水下，鱼雷艇形外壳不如鱼形外壳阻力小，但在低速时影响其实不大，它还是能达到5节，和“霍兰”Ⅵ号一样。

可见，在动力推进、外形方面，两种潜艇有不同的选择：成熟而笨重的蒸汽机，新兴而小巧的内燃机，“纳维尔”号选择了前者；水上阻力小的快艇形，水下阻力小的鱼形，“纳维尔”号选择了前者。后来的事实证明，“霍兰”号在动力推进上的选择更正确，适应了发动机发展的潮流；“纳维尔”号在外形上的选择更正确，适应了早期潜艇的实际水平。它那双层壳体的结构和样式，被一直沿用到二战后。直到核潜艇出现，潜艇在水下潜航的时间远远超过在水面航行的时间，潜艇的外形才回到近似“霍兰”号那样的流线型。

一战、二战时期的潜艇基本都是这样的外形：头部高起、尖头、前倾，从侧面、上方看起来很像一艘细长的快艇。

现代核潜艇基本都是这样的外形：卵形头部，圆柱形的中段，圆锥形的尾端。它水下航行阻力小，但水面航行能力差，

图 5.3.13　一战、二战时期的潜艇外形

图 5.3.14　美国“弗吉尼亚”号核潜艇

因为海浪很容易涌上头部，推出的波浪要比水面舰艇大很多，阻力也就很大。

至此，有关潜艇发明的故事聊完了，准备进入下一个话题。不过下一个话题的第一节也跟潜艇密切相关，和上面刚刚说过的“纳维尔”号的双层壳体有关。

双壳体结构其实并非“纳维尔”号最先用，而是一个普通的美国青年人西蒙·莱克首创。19 世纪 90 年代，这位年轻人似乎被隔绝在潜艇研制的主流之外，单枪匹马地搞研究，因为他感兴趣的不是水下作战。1893 年，他用借来的很少一笔钱，造了一艘潜艇，比两百年前的“海龟”号更不像潜艇。它的外形简直是个大衣柜，通过压载物沉到水底，乘员手摇一个曲柄，

带动下面的轮子滚动，从而前进。如果碰到有趣的东西，他可以停下来，通过一个气闸钻出去察看。

这哪是潜艇，分明就是海底观光车嘛！它也确实是成功的新玩意，吸引了一些人的兴趣和投资。1897 年，西蒙·莱克用吸引来的投资造出了名为“亚尔古”的新潜艇。“亚尔古”号用上了约 22 千瓦（30 马力）的内燃机，不再是滚行而是航行了。试航后不久，莱克就给它包上了第二层外壳，类似普通的船；两年后，这个办法“纳维尔”号也用上了，即双层壳体潜艇。

但和“纳维尔”号用双壳体的目的不完全相同，莱克给“亚尔古”号加外壳不仅是为了方便航行，还为了保护动力装置。他设计的潜艇不是为了作战，不追求隐蔽、快速的水下航行，也就没装蓄电池、电动机，水下航行时还用内燃机，而要给内燃机供气，就在艇上设了一根吸气的管子。下潜时，这根管子要伸到水面，所以加个外壳特别是模仿舰桥、烟囱的外壳，能保护这根管子。

这就是最早的潜艇通气管，它 1897 年就发明了。虽然还有很多不足，通气管乍看起来也不利于潜艇的隐蔽，但二战中的反潜战却表明，通气管其实能大大提高潜艇的生存力。如果有了它，德国潜艇也许能扭转战局。这个发明走上海战的舞台，居然迟到了那么多年，直到 1943 年德国海军感觉情况不妙，才开始用它。

六、迟到的兵器

说到二战潜艇，就引出了兵器发展史上一种让人叹息的现象——创新的技术和发明被世人所忽略。如果它们能及时走上战场，也许能改变很多战事的结局。

6.1 通气管，就差那么一口气

第二次世界大战的大西洋战场，主要是德国潜艇和英美护

图 6.1.1　潜艇憋气很重要也很累

卫舰、反潜机、护航航母之间的对抗。从水听器到声呐，从深水炸弹到刺猬弹、火箭弹，从反潜巡逻机到护航航母，从机载雷达到“利”式探照灯，盟国围绕探测、攻击潜艇开发了多种技术。德国也在潜艇技术上不断创新：配备电子侦察天线，对机载雷达进行预警；加装高射炮，与反潜机对抗；开发磁引信、声制导鱼雷，等等。虽然双方都有失误，走过弯路，但总体来说，德国人在技术、战术上走的弯路更多。忽视通气管的作用，就是其中最重要的一条。

潜艇用的通气管，最早在1897年就有了雏形：上一节我们提到的美国青年西蒙·莱克造的“亚尔古”号潜艇有一台约22千瓦（30马力）的汽油机，它在水下航行时就往上伸出一根吸气管。

此后还有不少人研究过这种装置，因为它可以让潜艇在水下一定深度继续开动汽油机、柴油机，比单用蓄电池强得多。比如1916年，英国苏格兰造船工程公司就申请过有关通气管的专利，但英国海军部对它不感兴趣。1938年，荷兰海军也在两艘潜艇上对通气管进行过试验。

通气管的结构其实比较简单，就是一根能够竖起、放倒或者伸缩的长筒，直径几十厘米。当然，在伸出水面的顶端有一些结构，比如防止海水灌入、可以自动开闭的活门。虽然简单，但它对潜艇航行性能的改进非常显著。

二战初期，德国潜艇主要分小型、中型、大型和远洋潜艇。它们的主要差别在排水量、续航力、鱼雷管和鱼雷数量上，航速上差别很小，基本都是：水面最大航速12～18节，水下最大航速 7 节左右，以 4 节航速能潜航 35 ~ 90 海里。

1940 年，德国闪击西欧，占领法国、比利时、荷兰等国。他们从荷兰海军那里看到了通气管这个新设备，但认为它只是用来改善潜艇内人员呼吸的空气环境，没有意识它给柴油机供气的重要意义，因此没有重视它。在潜艇基地从德国搬到法国沿岸后，进出大西洋要比过去方便很多，于是德国潜艇经历了几个月的“快乐时光”。从 1940 年 6 月到 12 月，他们只有约 30 艘潜艇参加作战，比开战时还少 10 多艘，但每月击沉 24 万吨商船，迫使英国放弃了爱尔兰以南的航线，绕道北方。但此后两年，德国潜艇虽然数量快速上升，形势却越来越危险。

1943 年，德国紧急研制了 XXI 型潜艇（又称 21 型），它有两个最大特点。

一是外形从过去照顾水面航行，转变为照顾水下航行：取消了甲板炮，指挥塔变成流线型，船头不再像过去那样昂起。这样的外形，水面航速基本没变，但水下最大航速提高到 17.2 节，是过去的两倍多，它能以这个速度在水下航行 1.5 小时。还有一个好处是噪音降低，以 6 节航速潜航时，它能像过去 2、3 节时那样安静。阻力小，加上蓄电池容量更大，它能以 5 节速度潜航 340 海里。

二是加装了通气管，能持续在潜望镜深度航行。初期的通气管考虑到其强度，只能在 6、7 节航速下使用，但加强它的结构很容易，改进后能让潜艇以 12 节航速潜航。

一些早期型号的潜艇，比如作为主力的ⅦC 型潜艇，也有一些开始加装通气管。

图 6.1.2　二战时的德国 XXI 型潜艇及其指挥塔上高高的通气管

二战胜利后，美国海军检查德军潜艇，看到这艘普通潜艇上已经加装了通气管，不用时放倒收藏在指挥塔右前方的凹槽内。

图 6.1.3　二战时德国潜艇加装的通气管

此时德国海军才认识到通气管的作用，但有些晚了：盟国已经有大批护卫舰、反潜巡逻机、护航航母，经常是众多水面舰艇和反潜机对一艘潜艇进行几十个小时的连续围剿，直到击沉它。

如果德国潜艇在1942年前就采用这项技术呢？我们可以通过盟军的反潜过程，推测一下通气管的作用。

整个反潜过程中，探测、发现潜艇是第一环节。这个过程从德国潜艇离开基地就开始了。

大西洋海战中，德国潜艇基地主要在法国西南海岸即比斯开湾的沿岸，英国就用远程巡逻机在湾口来回巡逻。德国潜艇要开到大西洋战场，要么闯过反潜巡逻机的空中搜索，要么贴着西班牙海岸航行。但后一条线路不仅路程长，还因为西班牙是中立国，受到很多限制。不被空中的反潜巡逻机发现，成为德国潜艇每次作战时首尾都要闯过的严峻一关。

早期时候，德国潜艇采用白天潜航、夜间水面航行并充电的方法，通过比斯开湾前往作战海域。后来英美研制出机载雷达，安装在反潜巡逻机上，能在夜间探测到水面的潜艇，再加上探照灯，于是德国潜艇在夜间突然遭到攻击。德国人后来研制出告警机，能发现机载雷达，然后下潜躲避。随后英美把米波雷达改为厘米波雷达。双方在设备、战术上轮流改进，交手几个回合。最后到1943年6月，德国潜艇发现最有效的战术只能是：潜艇在白天成群地浮出水面，在水面航行充电所需最短时间——4个小时（如遇英国飞机不下潜，各艇联合组织对空火力还击），其它时间都潜航。但英国反潜机此时已数量充足，在比斯开湾划定了两个巡逻区，每天三次横跨潜艇交通线巡逻，东西覆盖范围超过100海里，这基本上是德国潜艇水面4小时、水下20小时所能跑过的最大距离。

在英吉利海峡，英国也设立过类似的反潜巡逻区。在大西洋东部海域，英国常派出反潜巡逻机，组织猎潜舰队，搜索围剿德国潜艇。二战中，除了因事故、轰炸等原因损失的，有807艘德国潜艇被击沉，其中300艘是被这些反潜巡逻兵力击沉的，占到37%。

图6.1.4　二战时反潜机攻击潜艇

通气管在航渡阶段的作用，在1944年6月6日的诺曼底登陆战役中有显著体现。当时德国从距离最近的布勒斯特派出了15艘潜艇，希望能进入英吉利海峡攻击盟军船队。其中7艘加装了通气管，只有1艘因为艇长反应慢没有及时下潜，被反潜飞机打中要害，只能返航，另外6艘悄悄潜入了海峡；没有通气管的8艘，5艘被击沉，3艘重伤后返回。通气管的好处很明显。

当时，反潜机的机载雷达能在16～32千米距离探测到水面航行的潜艇；而对于通气管，即便是1944年最好的雷达，探测距离也不超过 6 千米，而且是在风平浪静的海面。如果德国潜艇白天依靠电池，夜间依靠通气管，全天潜航，那一个昼夜至少能跑出 240 海里。在这种情况下，盟军要想在比斯开湾达到同样的反潜效果，反潜巡逻区宽度和反潜机数量就都要增加 1.4 倍，这基本上是不可能的。

如果有了通气管，德国潜艇被反潜兵力击沉的那 300 艘，还有差不多数量的受伤潜艇，也许能减少一半。

再说说航渡后的战斗阶段。德国潜艇有 287 艘是在和护航舰队的战斗中被击沉的，占被击沉数量的 35%。

德国潜艇攻击运输船队时，一般靠水面航行去追上、拦截船队，占领攻击位置。采用“狼群”战术时，也需要一艘潜艇持续跟踪船队，通过无线电通报船队动态，引导其它潜艇过来围攻。发射鱼雷攻击时，二战早期多是在夜间，因为潜艇尺寸比水面舰船小很多，不易被发现，同时速度快、机动性好。在盟军护航舰队陆续配备无线电测向仪、雷达、护航航母后，潜艇就经常受到舰载机、护卫舰的驱赶，以至于到夜间无法占领攻击位置，夜间水面攻击也不再安全。攻击完毕后，如果遭到反潜兵力的连续追击，潜艇常常因水下航速、续航力不高而殒

图 6.1.5　驱逐舰投放深水炸弹反潜

命：开慢了，无法摆脱；开快了，电池很快耗尽。

如果有了通气管，特别是改进后的通气管，潜艇在夜间航行将变得比较安全，能以超过10节的航速持续追踪、赶超运输船队。即便是它拍发电报时被护航舰的无线电测向仪探测到，也能在通气管状态下高速规避。白天，如果海面平静，通气管划出的水迹、排出的烟云，反潜机能在大约10千米外看见；只要海面有稍强一点的风，产生白色浪花，反潜机就要很近才能看到，而这种海况在北大西洋海域非常普遍。

通气管还能让“狼群”战术发挥更大威力。比如在1943年3月9日对一个船队的攻击中，日落前后有8艘潜艇接近船队，但都被反潜机和护航舰赶开。天黑后，3艘潜艇借助夜幕突破警戒圈，先后击沉了4艘运输船。如果有通气管，这8艘潜艇就能与反潜兵力周旋更久，不容易被赶开。即便反潜兵力威胁大，潜艇也能在通气管状态下隐蔽航行、充电，然后在夜间追击船队。一旦有6艘而不是3艘潜艇突破警戒圈，战果可能就不止翻倍了。

到1943年5月，德国潜艇在大西洋的“狼群”战术接近失败，他们击沉了50艘运输船，但自己也被击沉41艘。其中不少都是这样被击沉的：潜艇发电报，护航舰通过无线电测向仪发现潜艇大略位置，通报给护航航母；反潜机从航母起飞，前往搜索；潜艇如果在水面，反潜机很容易发现，向正要下潜的潜艇发射火箭弹；潜艇如果在水下，也跑不远，搜索范围小，反潜机只要有耐心就能找到或等到。如果有了通气管，潜艇就能在通气管状态下发报，然后以超过10节的航速转移，就不容易被反潜机捕捉到；即便被发现，它也能及时下潜，全速潜航规避，不必过于担心电池消耗。

如果这样，德国潜艇在与护航舰队的作战中，也许能少损失 100 多艘，并且取得更大战果。

当然，以上假设不仅要求加装通气管，还需要潜艇修改外形，像 XXI 型潜艇那样。不过这一点也很容易实现，因为德国潜艇都是双层壳体结构，外表形状由简单的非耐压壳形成。德国在战争爆发时有潜艇 57 艘，战争中建成参战的有 1 131 艘，因此如果德国在 1940 年 6 月占领荷兰后就认识到通气管的重要作用，并对潜艇的建造、战术进行修改，那么很快将有大批通气管型潜艇参战。二战后，各国潜艇都立刻配备了通气管，并学习了 XXI 型潜艇的外形。

画面中是 3 艘当时正在建造的 XXI 型潜艇，以及盟军轰炸留下的弹坑。等德国人意识到通气管的作用时，不仅整个战局已经很不利，潜艇建造也遭受盟军大规模空袭的干扰。

图 6.1.6　英军占领德国汉堡造船厂时的情景

战后很多海战专家认为，二战中德国人用的并不是真正的潜艇，只是一种必须经常浮出水面充电的、可下潜的慢速鱼雷艇。二战后依靠通气管和大容量蓄电池，才有了可以在任何时候都不完全浮出水面的潜艇。利用通气管，潜艇在风大浪高的海上航行时可以完全躲避当时的反潜机。战后的多次试验也表明，用1945年最优良的装备去搜索潜艇的通气管，成功率平均只有6%左右。专家还认为：如果有了通气管，盟军的反潜能力将基本回归到开战时的状态。通过表6.1.1，可以看出开战时和战争后期，潜艇攻击和反潜作战的不同效果。

表6.1.1　　二战时德国潜艇攻击和盟军反潜作战的效果

时间	击沉运输船	击沉吨位	损失潜艇	平均损失一艘潜艇击沉的吨位
1939年9～12月	114艘	42.3万吨	6艘	7.05万吨
1940年	471艘	218.6万吨	31艘	7.05万吨
1941年	432艘	217.5万吨	24艘	9.06万吨
1942年	1 160艘	696.6万吨	87艘	8.00万吨
1943年	466艘	220.3万	245艘	0.90万吨
1944年	131艘	51.1万吨	264艘	0.19万吨
1945年1～5月	54艘	22.3万吨	62艘	0.36万吨

如果盟军的反潜能力真的一直是开战时的状态，德国潜艇在1943、1944年不陷入那样糟糕的交换比，哪怕只是从一艘潜艇换7～9万吨降低到5万吨，那也足够一口气掐断英国的海上生命线了，大西洋海战将是另外一种结局，二战进程也会发生重大变化。不过，历史无法改变，德国潜艇的通气管迟到了，德国海军就差那么一口气。

6.2 登陆艇，本可以成就丘吉尔

德国海军错失了已有的简单而有效的兵器，当年的海上强国英国也曾这样，只不过德国人二战时错失的是海面之下潜艇的通气管，英国人一战时错失的则是海岸边的登陆舰艇。

第一次世界大战打到1914年底时，英法联军和德军在西欧地区的战事陷入僵局，东线的俄军则明显不敌德军。此时英国海军大臣丘吉尔积极建议：进攻达达尼尔海峡和博斯普鲁斯海峡，占领土耳其当时的首都伊斯坦布尔，迫使土耳其退出战争。这样就能打通地中海和黑海，直接支援俄国军队，攻打奥匈帝国，减轻俄国在高加索战线的压力。战略设想很不错，但英法联军打得很差，把本该出乎意料的登陆突击打成了围困战。这就是著名的加里波利登陆战。

最初制订计划时，英法联军就一厢情愿地以为，依靠自己强大的舰队压制土耳其海岸要塞的火炮，扫除水雷，然后只需少量登陆兵上岸，就能占领土耳其的炮台。可是1915年2月19日战役打响后，打了足足一个月，英法联军损失了2艘战列舰、1艘战列巡洋舰，也没达到目的。4月25日，他们又派出8.1万人（以澳大利亚、新西兰军队为主）到加里波利半岛南端登陆，打算以陆海军联合作战达到目的。

这本来出乎土耳其军队的意料，应该能获胜。可是登陆部队缺乏针对性的训练，出现了各种错误，甚至在错误的地点登陆。部队上岸后也是行动缓慢，而土耳其军队则迅速集结了一些步兵和炮兵，赶到可以俯瞰滩头阵地的崖岸，挡住了英法联军。此后两天，英法联军伤亡1.8万人，也只夺取了一片纵深不过1.5千米的小登陆场，完全被压制在海岸边。5月开始，英法不断增兵，到8月初增加到12个师，但还是被困在海边。于是在8月6日，英军在西北面的苏弗拉湾又进行了一次登陆，这里土耳其军防守薄弱，英军得以顺利上岸。可他们再次贻误战机，没能及时扩大登陆场，巩固滩头阵地，并向内陆推进占领制高点。土耳其紧急从其它防线抽调了近2万士兵赶过来，在山脊上建立了一道临时防线。战役再次陷入僵局，两股英法联军被围困在两块狭小的海边地带。拖到11月底，英法联军只得撤退。

这是一战中规模最大的登陆战，英法联军4.4万人战死，9.7万人负伤，可谓损失惨重。战败原因中，很大部分是因为英法指挥官优柔寡断，贻误战机；要从武器装备上来说，就是因为没有专业的登陆舰艇，导致部队、物资登陆缓慢。

当时英法联军的登陆士兵们从运输船到海滩，乘坐的还是划桨的小船，和上一个世纪登陆时一样。以前没有机枪，登陆

图6.2.1　1915年4月25日的加里波利登陆战中协约国士兵们只能靠这种小艇上岸

作战只是对付一些殖民地的反抗武装甚至土著部落，这种小划艇足够了。但是在机枪、机关炮问世后，这样划行的小船实在是非常好打的目标，因为它船体较高，而且是木制的。登陆兵费劲地划到海滩边后，还要从船侧翻下来，在海水里跋涉上岸；然后要把小船划回运输船，接下一批士兵。

这只是送步兵登陆，要想用小划艇直接送火炮、车辆等重武器登陆，那几乎不可能：运输船可以用吊车把火炮吊放到划艇内，可到了海岸边怎么办呢？

骡马、火炮等物资从小艇到海岸，不仅需要专门搭建的码头，还需要图中右边这种简易吊车。

图 6.2.2　杂乱的小艇登陆场

其实，对于这类问题，早有人认识到并想出过解决办法。1879 年，也就是加里波利登陆战之前 36 年，智利和玻利维亚、秘鲁之间发生战争。11 月，智利派兵 1 万人发起皮萨瓜登陆战，获得成功。当时为了把大量物资和登陆部队直接送到海岸

上，智利政府专门建造了一批平底船，它们在第一波登陆中运上岸 1 200 人，其后 2 小时内就完成第二波登陆，又送上岸 600 人。

和划艇相比，平底船吃水更浅，也就能更加靠近海岸，士兵需要涉水的距离短很多。可是在英法等海军大国眼里，智利海军怎么能跟自己相提并论？在他们看来，皮萨瓜登陆战中专门的登陆艇只是小儿科，甭说和战列舰相比，就是和驱逐舰、鱼雷艇比起来，也上不了台面。

相比于英法海军，美国海军倒是对登陆战稍微重视点，因为在 19 世纪末 20 世纪初，美国经常在中美洲打打杀杀，登陆行动相对多点。虽然美军常暴露出陆海协同较差、登陆行动组织混乱等缺点，不过对手是西班牙这个没落帝国和它的殖民地，军事实力差距太大，所以美军基本都是大获全胜。美军虽然比较重视研究登陆战法，但对于专门的登陆舰艇也没有给予重视。

转眼到了第一次世界大战，英法联军想发起加里波利登陆战。英国倒是看出了登陆战需要更好的运输工具，于是在 1915 年 2 月战役刚开始，就下令设计专门的登陆艇。

设计人员 4 天就完成了设计工作，因为实在太简单：它以当时伦敦常见的平底驳船为基础，船头略微上翘，能直接搁浅到海滩上，向前放下一个跳板。不过英国人设计得比较大：长 32.3 米，宽 6.4 米，吃水 2.3 米；能运送大约 500 人，或者 135 吨货物；采用柴油发动机，航速大约 5 节。他们还考虑到战斗情况，因此船的两侧是防弹的。

图 6.2.3　当时在伦敦泰晤士河上常见的一种平底驳船

英军一口气订购了 200 多艘，并将其命名为“X”轻型船，后来士兵们称它为“甲虫”。但这种船个头比较大，建造它们以及训练部队使用它们，都需要时间。这些船没法赶上 1915 年 4、5 月的登陆行动，直到 1915 年 8 月 6 日，英法联军到苏弗拉湾登陆，它们才参加战斗，运送英军第 9 军团，表现不错。但这种登陆船还算不上最合适的登陆工具，没能完全改变登陆输送的样式，再加上指挥问题，第二次登陆行动也是半途而废。

图 6.2.4　英国参照驳船紧急研制的专用登陆舰艇——“X”轻型船在加里波利登陆战后期被投入使用

一战结束后，英国皇家海军根据在加里波利的惨痛教训，开始研究专门的登陆舰艇和两栖登陆战战术。虽然受军费限

制，力度不大，但登陆舰艇的技术要求实在不高，因此研究进展不错，只不过建造和装备的数量少。

1920年，他们就在先前“甲虫”的经验上，建造了摩托登陆艇（MLC），它的尺寸要小一些，但可以把一辆中型坦克直接送到海滩。它参加了1924年的年度登陆演习。1926年，英国人又设计建造出一种16吨的登陆艇，它的船体基本就是个方盒子，船尾是驾驶舱和发动机，船头有一个跳板门。为了防止损坏螺旋桨，它还采用了喷水推进装置，由一台汽油机驱动离心水泵产生水流，改变喷水泵的方向，就能推动船前进、后退以及转向。它的航速只有5~6节，不够快，但也算可以了。1930年，英国皇家海军装备了3艘这种登陆艇。

图6.2.5 英国的摩托登陆艇（MLC）

我们现在常见的小型登陆艇基本上还是这样的结构。登

图6.2.6 现在美军常用的通用登陆艇（LCU）

陆时它直接冲上海滩，打开跳板门，登陆的士兵、车辆就可以直接冲出，速度要比加里波利登陆时用的划艇快上十几倍甚至百倍。

美国在20世纪30年代中期重新重视和发展两栖作战方法，寻找和试验各种合适的登陆工具。1939年，他们相中了爱德华·希金斯设计的一种动力浅水船，后发展成一种带跳板的人员登陆艇。它能运送36名士兵或一辆小型车辆。

此时英国人还设计出坦克登陆舰，它相当于一艘更加肥钝的运输船，吃水浅，而且船底有点前高后低。船头设置一扇左右开启的大门，冲上海滩后打开，放下一块跳板，货舱里的坦克车辆就能开出了。

到第二次世界大战时，美国很快就建造出大批登陆舰艇，不仅有小型登陆艇、坦克登陆舰，还有其它不同尺寸的，不过基本特点都一样。美国人还研制了两栖装甲车。在太平洋岛屿登陆战以及后来的北非、诺曼底登陆战中，它们都发挥了非常重要的作用。

图6.2.7　二战中出现的坦克登陆艇和大型登陆舰

小型的登陆艇、大型的登陆舰，实在是最简单的军舰，因为各项技术早在20世纪初就已经具备。如前所述，智利人在1879年就已经想到并制造过专门的登陆舰艇，只不过那时缺一项技术——内燃机。但这么简单的军舰，直到1915年英法联军急需时也没能正式走上战场，而迟到了4个月。

要说合适的登陆舰艇，迟到的时间就更长。如果在1915年2月，英国人拿出的设计方案不是装500人的数百吨的“甲虫”，而是1920年那样的摩托登陆艇，或者美国人那样的装36人的小尺寸摩托登陆艇，建造速度就能快得多。用它们直接代替划艇，立刻能让输送物资、人员的速度快上几倍，而且很容易送上火炮等重装备。哪怕是送点钢板、机械上去，也能让英法联军构筑起合格的工事，免于被动挨打，加里波利登陆战的结局肯定会是另一个样子。

丘吉尔极力推动的一次作战行动打成这样，自然是让他受到各方的猛烈攻击。1915年5月，协约国首次登陆大失败后，丘吉尔就被免除海军大臣一职，改任内阁中地位最低的不管部大臣。如果当时有了登陆艇，丘吉尔也许就不至于那么尴尬了。

图6.2.8　登陆艇本可以成就丘吉尔

深感被排挤到政治圈外的丘吉尔，干脆辞职，到法国前线当了一年的步兵营营长。不过，也许应了中国一句老话——“祸兮福所倚”，正是这段挫折经历，让丘吉尔后来对新兵器很重视，在任军需大臣时努力推动英国发展飞机、毒气，还有最初被称为“陆地巡洋舰”的坦克。

6.3 火箭筒，一再被忽视的利器

除了前两节介绍的潜艇通气管和登陆艇，另一种严重迟到的兵器是打坦克的火箭筒。它能让一名小小的步兵，摧毁一辆几十吨的厚甲坦克。

图 6.3.1 单兵可以用火箭筒摧毁厚甲坦克

很多人都知道，德军在二战初期是依靠闪击战打败法国的。闪击战的核心是装甲部队能迅速突击，而敌方步兵只有笨重的反坦克炮，缺乏灵活有效的反坦克手段，无法阻止坦克的集群进攻。如果当时的英法步兵一两人就能带着一个反坦克兵器跑来跑去，“噔”的一下击毁一辆坦克，德军还能闪击吗？

可惜当时没有这种兵器——单兵反坦克火箭筒。单兵反坦克火箭筒 1942 年才被投入战场，最典型的代表是美国的“巴

祖卡”和德国的“铁拳”。“巴祖卡”的早期型号，口径为60毫米，能穿透100毫米厚的装甲，而在第二次世界大战初期，德国坦克装甲最厚也不超过80毫米，主力坦克的前装甲只有50毫米，大多数地方在20～30毫米。

二战初期，最流行的是37毫米反坦克炮，后来又有了57毫米反坦克炮，但是它们的重量都至少有几百千克，需要几个炮手操作，而且穿甲厚度只有20～50毫米。“巴祖卡”和反坦克炮相比，穿甲威力大得多，足以击穿二战早期的各种坦克。即便是二战后期的中型坦克，它只要命中也都能击穿。重型坦克比如德国的“虎”式，改进型的“巴祖卡”只要打在合适位置，比如侧面、尾部，也能击穿。“巴祖卡”的缺点是射程不过100多米，发射时火光、声响等都很大，容易暴露射手位置。但它非常轻便，一个步兵拿着它隐蔽在阵地，等敌方坦克接近到百米内后突然起身发射攻击，并不算难。

淞沪会战时，中国的德械师少量配备有这种反坦克炮。

图6.3.2　德国Pak－35/36式37毫米反坦克炮

可以说，如果在二战初期英法军队的步兵配备了这种武器，德国坦克就会时时受到威胁，根本不可能顺利冲破步兵防

图 6.3.3　美国“巴祖卡”反坦克火箭

线，打出闪击战的辉煌战果。

德军缴获美军的“巴祖卡”后，很快研制出几种自己的反坦克火箭筒，而且予以发展。其中综合性能最好的“铁拳”采用超口径战斗部（就是弹头部分比后面明显粗大），穿甲能力达到 200 毫米，几乎能击穿当时所有坦克的正面装甲。1945 年 3 月 29 日，英军一个坦克连就曾被一支配备“铁拳”的德军小分队阻挡，足足 4 个小时无法前进。

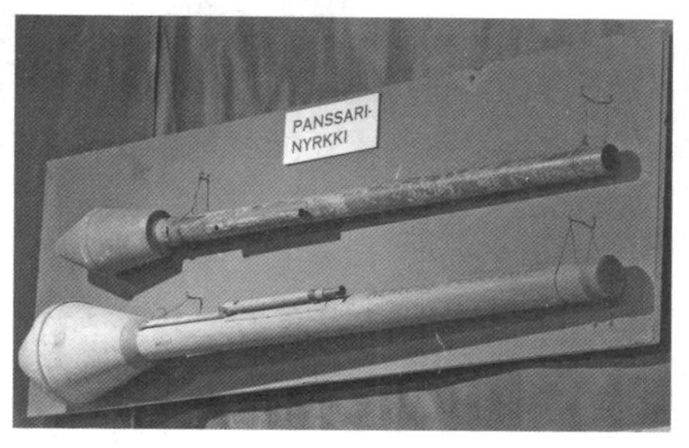

图 6.3.4　德国“铁拳”反坦克火箭

“巴祖卡”“铁拳”对二战后反坦克武器的发展也具有非常重要的意义。苏联在“铁拳”的基础上发展出几种火箭筒，其中 RPG–7 是最著名的，直到近年，在有关叙利亚内战的电视新闻中，我们还经常会看到它，伊拉克、阿富汗的反美武装人员也是天天背着它。美军现在的标准单兵无制导反坦克武器 AT–4 火箭筒最初是瑞典研制的，原理和结构基本还是 80 年前

图 6.3.5　苏联 RPG-7 火箭筒

图 6.3.6　身背 RPG-7 火箭筒的塔利班战斗人员

图 6.3.7　正在发射的 AT-4 火箭筒

的“巴祖卡”那样。

“巴祖卡”的结构可以说很简单：一根薄钢管制作的发射管，上面有握把、扳机、抵肩、击发电池等几个部件；发射管内的火箭弹有几片尾翼，用来保持飞行稳定；火箭弹后部是固体燃料的火箭发动机，前部是一个采用聚能装药结构的弹头。发射管所需技术，不仅在二战爆发的 1939 年，就是 1900 年以前也都具备了。它的核心技术其实只有两个：聚能装药和固体火箭发动机。

聚能装药在 1938 年前其实已经有了，要说起源的话，是在 1888 年。当时美国人门罗对炸药进行各种试验，其中的一方面是研究炸药形状和爆炸后碎片产物的飞行方向有什么关系。结果他发现，爆炸产物基本上都是沿着炸药表面的法线（也就是垂直于炸药表面）飞散的；如果炸药表面是V字形的凹槽，那两边的爆炸产物就会往中间聚集，从而产生更大威力。这种现象被称为“聚能效应”，也叫作“门罗效应”。

图 6.3.8 门罗效应

当然，门罗效应虽然提高了爆炸威力，但对装甲还产生不了多大破坏作用。40多年后，也就是二战爆发前几年，瑞士人发现在炸药凹槽上铺一层金属，特别是紫铜这样的软金属，那聚集的爆炸能量会把这片金属变成高温高速的液态金属流。于是他们设计了一种全新的弹头：一段圆柱体炸药，前端挖一个圆锥形的坑，铺上一层铜。炸药爆炸后，圆锥表面的爆炸能量都向中心线聚集，于是把铜片熔化、挤压成一条细长的铜流。铜流的速度高达每秒几千米，温度1 000℃以上，撞到装甲后不

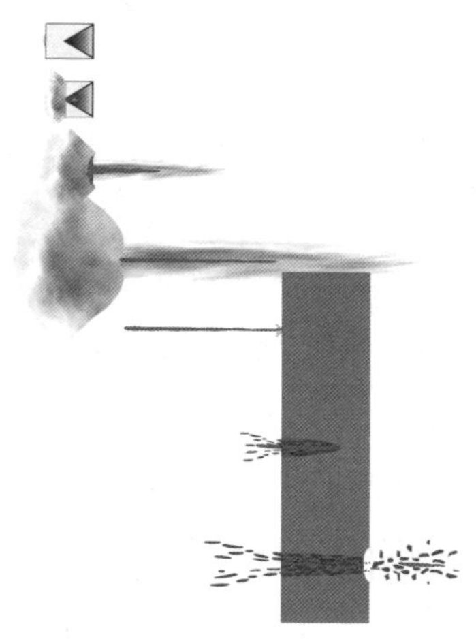

图 6.3.9 聚能破甲弹的穿甲原理

是像普通穿甲弹那样硬碰硬，而是像高压水枪冲击豆腐。只要形状合理，一个不到300克的聚能装药战斗部，就能轻松打穿200多毫米的装甲。

也就是说，最迟到20世纪30年代，二战爆发前，就已经能造出一种弹头，足以打穿二战末期最好的坦克。瑞士人已经有了这种技术，而且打算卖给英国人。1938年，一批瑞士专家邀请英国驻瑞士武官观看他们的“新型反坦克炸药表演试验”。试验中，一发炮弹命中后，击穿了一块很厚的装甲板。瑞士人为这种“新炸药”开价不低，但英国武官看出炸药其实就是普通的TNT。第二次参观时，他带了个兵工专家，看出它是利用了聚能效应。随后英国人也用这种办法研制出一种No68式反坦克枪榴弹，德国闪击西欧时，在欧洲的英军就配备有这种枪榴弹。

但英国人显然没有意识到这种弹头的巨大潜力，在这之外没进行过其它尝试和研究。No68式枪榴弹重量太轻，炸药只有156克，不过已经足够打穿德军坦克。当时英国步枪配备有一种杯式榴弹发射器，用空包弹发射榴弹，所以No68不能太重。可最大问题是：这种发射器

图6.3.10　英国的No68式反坦克枪榴弹发射起来很不方便

不仅用起来麻烦，而且射程只有 90 米，精度还很差。因此，面对德军坦克的进攻，英国步兵还是没有什么好武器。

如果当时把聚能装药技术用到 37 毫米、57 毫米甚至更大口径的火炮上，局势就会有所不同了。那时反坦克炮的最大技术难题就是要把弹头打出高速，靠速度去穿甲，这就要求炮管又长又厚，炮架能承受强大的后坐力，结果火炮的重量和口径、威力成为难以调和的矛盾。而聚能装药弹头的一大特点，就是穿甲威力和弹头速度无关。用低速的 50 毫米火炮发射聚能装药弹头，就足以击穿当时的绝大多数坦克，同时火炮会很轻，比 37 毫米反坦克炮还轻。

除了普通的火炮，当时已经有了无坐力炮。1914 年，美国海军中校戴维斯就研制出最早的无坐力炮，向后喷射炮塞和猎枪弹，来抵消向前发射弹头的后坐力，因此炮身很轻。1936 年，苏联研制出喷管型无坐力炮，并在苏芬战争中使用。它们基本上都只需一两人携带操作。可这种发射装置，也没有和聚能装药弹头走到一起。

现代很多单兵反坦克武器，发射原理其实就是无坐力炮原理加火箭原理，比如最著名的 RPG-7。有的完全是无坐力炮，比如瑞典的“卡尔·古斯塔夫”，现在美国军队也大批采购和装备着。

聚能装药，用得有些晚，可惜了。

“巴祖卡”的另一项核心技术是固体火箭发动机，在 20 世纪 30 年代也已经有了，不过各国重点研制的都是大个头的火箭弹，装到战斗机、火箭炮上。小到步兵能携带发射的火箭弹，在一战末期也已经有了。当时美国人戈达德博士研制了一种步兵用火箭筒，口径51毫米，重3.4千克，后面有个轻型两脚架，步兵扛着发射管前部射击。发射的火箭弹重3.63千克，最大射程能达到685米。不过，随着一战结束，这项研究没有继续下去。另外，与当时的普通火炮，特别是迫击炮相比，它也需要两个步兵携带和操作，打出的榴弹也只能杀伤敌人步兵，射程也差不多，因此优势、特点不算显著。步兵火箭的研制，就此沉寂了很多年。

图6.3.11　美国人戈达德在1918年研制的单兵火箭是“巴祖卡”这类单兵火箭筒的前辈

到了1931年，美国陆军上校斯金奈开始在阿伯丁靶场工作，他对步兵用火箭很感兴趣，利用自己的业余时间研制小型火箭。1940年二战爆发后，他得以参加一些“特殊项目”，看自己的火箭技术能否作为武器。不过他没多少经费和支援，只能带着一个同事自己干。不到一年，他们俩就试造出一种简易火箭筒。可是用什么弹头好呢？普通的榴弹，并不是当时战场上急需的。斯金奈正为此发愁时，在英国碰壁的瑞士人把聚能装药技术卖给了美国。美国陆军立刻研制了M10式反坦克榴弹，威力足够，但重量已非步枪可以发射。他们还试验了另外几种榴弹发射器，结果都感觉尺寸、后坐力相对步兵来说还是过大。

1942年春，斯金奈有幸接触到M10式榴弹，他立刻把自己设计的火箭筒口径稍稍放大到60毫米，与这种榴弹配合起来。电击发装置，用的就是手电筒电池。他造了12发假弹头的火箭弹，试射了3发，然后去阿伯丁靶场试验。巧的是，当时靶场正在试验其它反坦克武器，一辆作为目标的坦克靶正在奔驰。斯金奈和助手没跟任何人打招呼，就跑到发射线“占领阵地”，然后从地上捡起一段金属丝，做了个简易瞄准具装到火箭筒上。“坦克”转弯后向他俩的方向开来，于是助手打出一发火箭弹，命中。坦克还没跑开，斯金奈又打出一发，命中。特殊的发射声音吸引了一群正在看正规试验的将军们，他们走过来仔细参观这个搅局的，而且把剩下的7发火箭弹都打了出去。很快，斯金奈的设计被定名为M1火箭筒。1942年5月19日，美军要求通用电气公司在30天内生产5 000具M1火箭筒。通用电气公司提前89分钟完成了任务，随后又安排了一次射击表演。这次表演不仅很隆重，而且还有苏联等盟国代表观看，于是首批产品中有几百具被送往苏联。

M1火箭筒的外形酷似当时一位著名喜剧人使用的自制粗管长号“巴祖卡”，结果美国大兵们就把这种火箭筒叫作

“巴祖卡”，这种叫法后来彻底成为火箭筒的俗名。

如果瑞士人早点把这项技术卖到美国，美国陆军早点资助斯金奈的研究，就能更早地研制出这种高效的步兵反坦克武器。“巴祖卡”得到重视和投产有点戏剧性，总算没有埋没这项重要发明。

图 6.3.12　二战时期美国喜剧人鲍勃·彭斯使用的乐器“巴祖卡”

但美军先是犯了不紧不慢的毛病，后来又犯了慌慌张张的毛病。

虽然“巴祖卡”用起来很简单，可毕竟是美国大兵们压根儿没见过的武器，连这种类型的武器都没见过。几千具火箭筒只配了份简单说明书，就直接从工厂送到码头装船，参加了1942 年 10 月底开始的北非登陆战役。结果首批使用“巴祖卡”的是没训练过怎么用“巴祖卡”的菜鸟，对阵的是久经沙场、“沙漠之狐”隆美尔率领的德军。

“巴祖卡”的首战取得意料之外的双面战果，这从下面一个战例可以看出：一支德军坦克分队在很远距离就遭到几发“炮弹”射击，差点被命中，德军指挥官认为他们正遭到 105 毫米榴弹炮射击，肯定扛不住，于是举白旗投降。几发“巴祖卡”让德军以为是大威力炮弹，足见其威力没得说，可是几发都没命中，又足见美国大兵不会用它，开火太早。如果由训练有素的射手发射，德军坦克将遭受更加实质性的损失。结果一直到1943年初，美军实际上都没有普遍用上“巴祖卡”，甚至不知道它到底能不能击穿德国坦克。

此后，在卡塞林山口，美军遭到德军反击，损失惨重，一批“巴祖卡”也被德军缴获。七八个月后，德国研制出自己的几种“巴祖卡”。其中“坦克杀手”和“巴祖卡”很相似，但口径放大到88毫米，加了一块防止射手被火箭尾焰喷伤的挡板；超口径的“铁拳”威力更大，而且是一次性使用的，结构非常简单。它们都能轻松击毁盟军坦克，但此时德军和对手的总体差距已经太大，再有效的反坦克武器都无法抵消盟军补充坦克的速度。

图6.3.13　“巴祖卡”还没在美军手里发挥大用就被德军缴获、学去了

相对而言，“铁拳”虽然射程比“坦克杀手”稍微小一点，但它是一次性使用的，不用装弹，瞄准、射击都很简单，因此纳粹德国在灭亡之前，把很多“铁拳”配发给平民，妄图以此来阻止对方的装甲洪流。

1944年，美军缴获到这些德国火箭筒，而且发现60毫米的“巴祖卡”不能击穿德国最新的重型坦克，于是又设计出89毫米口径的火箭筒。

图 6.3.14 “铁拳”（上）和“坦克杀手”（下）反坦克火箭筒

“巴祖卡”这种用火箭推进聚能装药战斗部的步兵用反坦克武器，只要稍微受到重视，完全可以在二战爆发前出现。即便是拖到 1942 年才出现，如果美军认认真真地使用它，对步兵进行简单的训练，它的实战威力也能更早发挥出来。

如果英国人的思路再开阔些，或者不那么吝啬，和瑞士人好好研究如何利用聚能装药的破甲威力，那么反坦克的轻型火炮、无坐力炮甚至火箭筒都可以在二战前就出现，德国闪击西欧将不会获得那么大的成功，二战的欧洲战场将是另外一种进程。

七、老兵器建新功

有的好兵器不是新发明的，而是一种过去的老兵器。它们曾在战争舞台上驰骋多年，后来由于新兵器、新技术的出现，自己的某些缺点越来越让士兵们无法忍受，于是被淘汰，成了退役“老兵”。可是过了一些时间，战争样式有了变化，它们的缺点有了新作用，甚至变成了优点，于是这些“老兵”再次走上战场，成了新的生力军。

7.1 火箭炮，发扬优点重获新生

上一节说到反坦克火箭筒，它发射的是一种小型火箭弹，其实火箭弹作为兵器，在这之前140年就有了。1807年，英国进攻丹麦时，就使用过一种火箭弹。它在内部装有黑火药，分前后两部分。点燃后面的引线，黑火药燃烧喷气，推动火箭弹飞行。燃烧到前部后，前端一段封闭空间里的黑火药被点燃，产生爆炸。火箭弹发射时放在一个两脚的发射架上，可以调节方向、角度。后来法国人也使用过火箭弹，发射器是架在一个三脚架上的筒，火箭弹直径50毫米。它还装有火炮那样的瞄准机构，可以调整发射筒的方向和仰角。这已经能算是火箭炮的锥形。

和当时发射爆炸弹丸的管状火炮相比，这种火箭炮的结构要简单得多，发射装置几乎可以算没有。当然，它的精确度也差很多，基本上只能近距离攻击一些很大的目标，比如舰船、城市、港口等。

至于不带爆炸弹头的火箭，出现时间就更早。比如中国古代的火药箭，就是在箭上绑一个纸筒，内装黑火药，相当于一台固体火箭发动机，可以把箭身高速推出，杀伤敌人。上百支火药箭装在一个筒形发射器内，就是最早的“火箭炮”，它的发明时间比管状的火炮、火枪还要早。

图 7.1.1　中国古代的火药箭

但是从 19 世纪后期开始，随着身管火炮的发展，火箭炮和火箭弹被军队所淘汰，因为它的精度实在太差，没法准确攻击敌方的工事、阵地，打碉堡、坦克那样几米宽的目标更是不可能，远射时精度完全没法跟身管火炮比。所以从 19 世纪后期到第一次世界大战的几十年间，火箭炮、火箭弹技术都没人关注。液体火箭技术倒是开始兴起，不过主要是为了制造大型的飞行器，为航空航天活动服务，跟炮兵没什么关系。

一战结束后，苏联人对火箭弹倾注了很大热情，不过他们首先是为飞机考虑的，想为战斗机配备威力比机枪、航炮更大的武器。1921 年，苏联成立了专门研制火箭的第二中央特别设计局，首先研究固体火箭燃料和发动机。经过多年努力，他们研制出两种航空火箭弹，口径分别为82毫米和132毫米，用后面几片尾翼保持飞行稳定。到后来1939年与日本发生诺门坎冲突时，苏联战斗机就用这种火箭弹重创过日本飞机。后来其它国家也纷纷装备航空火箭弹，不过主要是用来打击地面目标。

图7.1.2　苏联20世纪30年代研制的RS－82火箭弹

图7.1.3　二战中英国“台风”战斗机机翼下挂载的火箭弹用于攻击德国坦克

航空火箭弹成为苏联研制火箭炮的基础。1938年，他们开始试验一种车载的火箭炮。卡车后部横着安放了12根发射轨，上下两排，可以调整仰角；火箭弹像在飞机上那样，挂在发射轨下。它太简陋，方向调整要靠驾驶整辆卡车来进行，精度自然令人难以接受。但试验表明它有很大发展潜力，让炮兵看到了一种新的攻击方式。

1939年3月，苏联研制出正式的火箭炮BM－13。它在卡车后部有一个可以左右旋转90度的发射架，上面是8根工字形导轨，上下各挂一枚132毫米火箭弹，一共16枚。火箭弹最大射程8.5千米，16枚弹可以在11秒内全部发射出去。苏军对它进行了各项严格测试，结果表明火箭炮有一些独特的优点。

图7.1.4　苏联BM-13火箭炮

精度差，本来是火箭弹在19世纪后期输给身管火炮的主要原因，可在这时候不重要了。一战中，堑壕战造就了大面积的防御阵地，大规模炮击也就成为一种很常见的作战样式。火箭弹就算精度差到几百米，也还会落在目标区内。

火箭炮因为不需要厚重的炮管，其重量和一辆卡车牵引一门中口径榴弹炮差不多。而且从长远来看，它的火箭弹可以更大更重，弹头足以相当甚至超过大口径的重炮炮弹，火炮自身的重量却不用增加。比如在1943年，苏军有了一种BM-31-4型火箭炮，它发射的火箭弹后部发动机直径152毫米，头部的弹头直径则高达306毫米，里面装了28.9千克炸药，和当时的152毫米榴弹差不多，能摧毁坚固火力点。后来苏联又研制了BM-31-12型12联装火箭炮，用来发射这种火

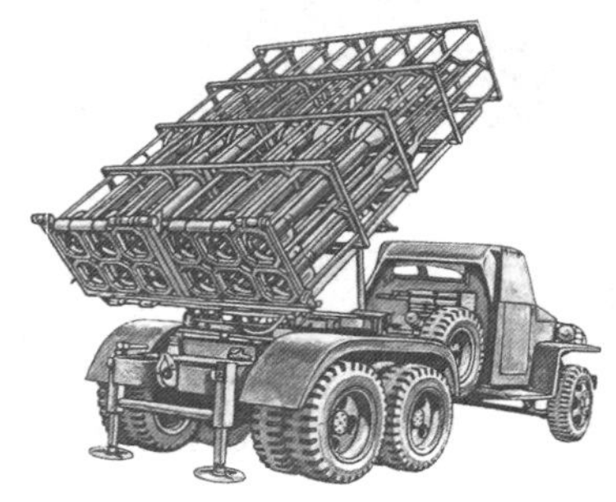
图7.1.5　苏联BM-31火箭炮

箭弹，在后期的战略反攻中发挥出巨大威力。

火箭炮最大的优点是射速快。BM-13 能在 11 秒内就打完 16 发火箭弹，速度相当于十几门身管火炮。虽然打完这批火箭弹后，再装填要费些时间，但它就没打算原地花时间装弹，而是打完火箭弹就开走。大多数时候，在 10 秒内向目标投射 1 000 发炮弹，要比 100 分钟内打 2 000 发炮弹更有效。火箭炮就适合进行这种迅猛的射击，让敌人根本没有时间隐蔽躲藏。

1941 年 6 月 22 日，德国进攻苏联。此时 BM-13 还没完成全部定型测试，但已经试生产了几十门。苏联决定开始全力生产 BM-13 和配套的火箭弹，并在 6 月 28 日组建了第一个火箭炮兵连，有 7 辆试生产型 BM-13。士兵们经过一个多星期应急训练，掌握了操作方法。当时为了保密，没有告诉炮兵们这种新炮的名称。工厂在炮架上打了一个字母 K（“共产国际工厂”的第一个字母），炮兵们看到后就用一个常见的俄罗斯女孩名字“喀秋莎”（第一个字母也是 K）来称呼这种心爱的火炮。后来这个名字流传开，成为二战时苏军火箭炮的代名词。

在斯摩棱斯克战役中，这个火箭炮连的 7 门“喀秋莎”对德军占领的火车站进行了一次突击。此后越来越多的“喀秋莎”装备部队。到 1943 年 2 月的斯大林格勒战役时，有 1 531 门参加这次战役，发挥了巨大作用。苏联还生产过履带底盘的 BM-8 火箭炮，以提高越野机动能力，其火箭弹是更小的 82 毫米口径，威力、射程都小一些，但火力密集度更高，适合打近距离的敌人步兵和野战工事。二战中，苏联一共制造了一万门 BM-13 和 BM-8 系列。

二战中，德国也研制了多种火箭炮和火箭弹。他们偏好大口径，除了80、150毫米，还研制了210、300、320毫米的火箭炮，这是因为在结构简单、火力密度大的优点之外，德国人还看上了火箭弹的另一优点——发射时加速度小，这样弹壳能够做薄，适合烟雾弹、化学弹等特种炮弹。德国人还在大口径火箭弹上采用了特殊的结构：发动机在前面，一圈喷口分布在弹体中部，而且略微偏转，这样火箭弹发射后在喷气作用下自旋，能像普通炮弹那样保持稳定。不过德国人这个发展思路没有苏联人的合理，因此战后的火箭炮比较少采用这种结构。

二战时德军也有好几种火箭炮，有的采用专门的轮式多联装发射架，有的就装在简单的笼式发射架里，放到地上架起来发射。

图7.1.6　二战时德军的火箭炮

二战后，苏联继续重视发展火箭炮。我国也在抗美援朝战争期间引进过苏联火箭炮。当时美英等国还没重视火箭炮，但

图 7.1.7　抗美援朝战场上志愿军装备的苏联 BM－13 火箭炮正在发射

图 7.1.8　美国研制的 M270 型火箭炮（也称 MLRS）已经装备很多北约成员国军队

到了 20 世纪 70 年代，美国研制了 M270 型火箭炮，并大量采用了新技术。

进入 21 世纪后，火箭炮的发展更加迅速，而且开始与各种导弹发射装置结合起来，比如美国 M270 火箭炮还能发射战术弹道导弹。火箭弹和导弹共用一个发射架，叫作“弹箭共架”。制导火箭弹也越来越多。火箭炮一百多年前的致命缺点现在已被众多的新技术所淹没，优点则得到发扬光大。

导弹装在发射箱内左半部分，占据原来 6 根发射管的空间，发射箱右半部分装的还是 6 枚火箭弹。

图 7.1.9　这门 M270 火箭炮正在发射陆军战术弹道导弹

7.2 滑膛炮，百年后的回归

滑膛炮是现代陆战中的主要火炮，甚至是陆战之王坦克的主力武器。但是和火箭炮相比，它沉寂的时间更长，因为它早在19世纪就被淘汰，消失了一百多年后才重新回到战场。

火炮在14世纪刚出现时都是滑膛炮——炮管的内膛是光溜溜的，这样便于炮弹从炮口装进、射出。那时发射的炮弹，有的形状结构复杂，比如链条弹、霰弹等，主要是打近距离的桅杆、步兵；要想打远距离目标，得用单个球形弹丸，因为它在飞行中比较稳定，阻力小，可以射远。

人们对火炮威力的希望越来越高，球形弹丸就得越来越大，可是这会让炮管更加粗大，火炮越来越重。能在口径不变的情况下提高炮弹威力吗？把炮弹变长就可以了，口径不变而体积增加，可以装更多炸药。而且谁都知道，细长条东西的飞行阻力要比球形小一些。因此长形弹丸在提高威力、射程方面，肯定比球形弹丸更有潜力。

可是，长形弹丸飞出去后，如何保持稳定呢？球形弹丸不管怎么转，冲前的形状都是一样的，不怎么改变阻力、弹道。而长形弹丸如果在飞行中摆动，就麻烦了，弹道必然混乱。

16世纪，欧洲人已经掌握了一些现代物理学知识，知道快速自旋的东西能保持稳定，旋转轴始终指向一个固定方向，不会轻易改变。陀螺就是这样。

如果让长形弹丸绕着自己的中心轴快速旋转，就能保持弹头冲前，稳定飞行。而让弹丸自旋，可以通过以下方法实现——在枪膛、炮膛内刻上旋转的槽线，卡住弹丸，发射时弹丸前进，同时顺着槽线旋转。

这项技术首先被用到火枪上，于是在16世纪出现了线膛枪。和滑膛枪相比，线膛枪的精度、射程提高数倍，而且弹丸更重，杀伤力提高。可那时枪管都是后端封闭的，弹丸从枪口装填，膛线让这个过程变得麻烦费力。而且膛线让枪管内壁不再光滑，和弹丸之间的密封变得困难，如果火药燃气通过膛线凹槽泄漏，那火枪的基本射击性能都无法得到保证。

英国人、俄国人对于在火炮上采用膛线，发射旋转稳定的长形炮弹，也做了理论研究，结论是可行。1694年，普鲁士造出了51毫米口径的线膛炮，但和线膛枪一样，因为要从炮口装弹，膛线带来的麻烦太大，所以线膛炮没得到普遍应用。直到19世纪，炮管制造技术提高，可以制造后端开闭、从炮尾装炮弹的后膛炮。1846年，意大利造出全新的火炮——后装螺旋线膛炮，它发射一种前端锥形、后段圆柱形的炮弹，最大射程5千米，最难得的是，打到这么远距离时，它的方向偏差不到5米。而当时同样口径、重量的滑膛炮，最大射程2.4千米，方向偏差却超过40米，因为球形弹丸飞出炮口后，会有不确定的自旋，而旋转轴两侧与空气摩擦产生的气动力有差别，会让弹道偏移，这和足球运动员踢出的旋转球是同样原理。

此后在炮弹结构、弹道理论等方面又有很多发展，比如在炮弹周围加一圈铜制弹带，能自行卡入膛线，而且密封性很好，使线膛炮很快成为火炮的主流。滑膛炮因为射程、精度、威力明显落后，被淘汰了。榴弹炮、加农炮、舰炮、高射炮、机关炮陆续得到快速发展，它们都是线膛炮。从19世纪后半叶到第一次世界大战前，是线膛炮一统天下。

图7.2.1　105毫米坦克炮内部的膛线

20世纪初，出现了迫击炮、无坐力炮，它们没有膛线，可以算滑膛炮。但它们是为了轻便而发明的，在原理结构、射击方式上与先前的身管火炮差别很大，威力、精度、射程都远不如线膛炮，主要给步兵小单位用。滑膛炮开始回归，但在火炮家族里只是个小角色。

迫击炮发射时，炮弹要靠重力自行滑落到炮管底部击发，采用膛线不利于炮弹的滑落。后坐力基本都由地面承受，因此迫击炮的重量比榴弹炮轻得多。

图7.2.2　迫击炮

到了20世纪60年代，为了提高穿甲威力，坦克炮研制者开始重新关注滑膛炮。你也许还记得本书第1.3节介绍过穿甲弹的发展历程，脱掉外壳的长杆形次口径穿甲弹能大幅度提高穿甲威力。这种长杆形弹丸，长径比增大到7以后，就很难靠自旋来稳定；相反，由于“次口径”（弹体本身直径比火炮口径小），长杆弹体可以像古代的箭那样加几片尾翼，保持飞行稳定。因此用滑膛炮发射尾翼稳定脱壳穿甲弹，要比线膛炮更合适。而且因为光滑，没有膛线磨损问题，炮管寿命能更长。

苏联研制 T-62 主战坦克时，就为它研制了一门 115 毫米口径的滑膛炮。它发射的尾翼稳定脱壳穿甲弹，速度能达到 1 600 米 / 秒。这样的高速不仅能提高穿甲威力，还有利于提高精度。在冶炼工艺不如西方的情况下，苏联这种滑膛炮打坦克的能力不输于当时西方国家的线膛坦克炮。

苏联 T-62 坦克的 115 毫米滑膛炮的口径超过同期西方坦克的 105 毫米，因此在弹药性能略差的情况下也具备不俗的穿甲威力。

图 7.2.3　苏联 T-62 坦克

此后欧美各国也开始在坦克炮上采用滑膛炮。现在 120 毫米和 125 毫米滑膛炮，分别是西方国家和俄罗斯坦克的主要武器。

图 7.2.4　试验中的 120 毫米坦克炮

当然，滑膛炮很适合发射脱壳穿甲弹，却不太适合发射粗大的榴弹、破甲弹、碎甲弹。这类弹丸得在尾部加几片折叠型弹翼，飞出炮口后展开，以保持飞行稳定。这和线膛炮发射相比，结构稍微复杂点，精度也有一点下降。因此直到 20 世纪末，英国人一直拒绝在坦克上采用滑膛炮，坚持用线膛炮。可是因为脱壳穿甲弹已成为坦克炮最主要的弹种，所以现代坦克炮基本上都是滑膛炮。

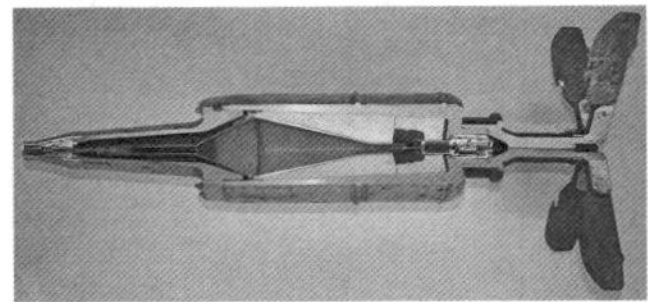
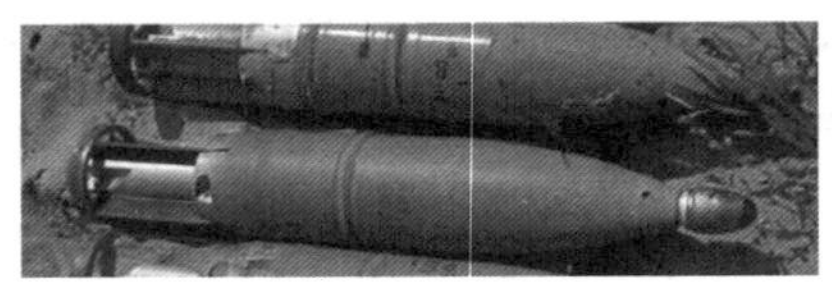

因为没有膛线让它们旋转起来，因此在后面有张开的尾翼实现稳定。

图 7.2.5　苏联坦克的 125 毫米滑膛炮发射的破甲弹和榴弹

而且随着炮弹向制导化发展，出现了制导炮弹、炮射导弹，它们要靠制导元件、弹翼或发动机控制弹体飞向目标，从线膛炮发射后的高速旋转对于控制没什么好处。因此滑膛炮在结构、寿命上的优点越来越受欢迎，弹丸稳定性和精度方面的负面影响被逐渐弥补。

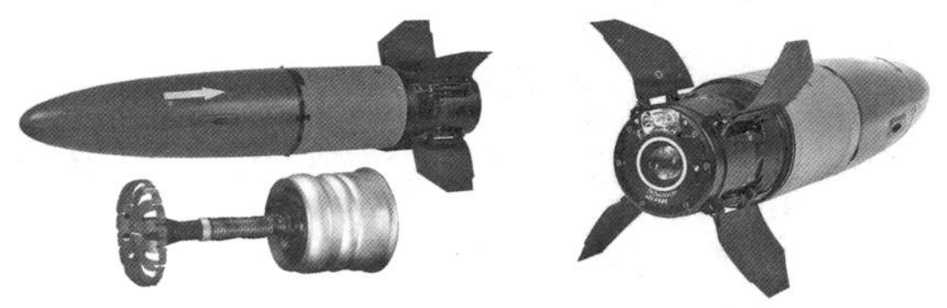

(a)俄罗斯的坦克炮射导弹，炮尾的光学窗口负责接收坦克发来的制导指令。

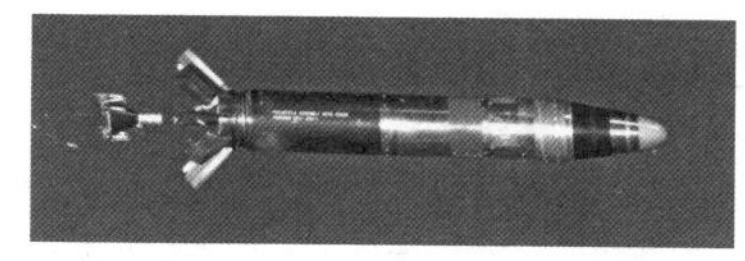

(b)美国正在试验的 MRM-KE 炮射导弹。

图 7.2.6 炮射导弹

苏联、俄罗斯研制过多种自行迫榴炮，这是 2S23 型，120 毫米口径，采用轮式底盘。

图 7.2.7 自行迫榴炮

现在还出现了结合迫击炮和榴弹炮特点的新炮种——迫榴炮。它采用滑膛炮管，既能直瞄射击、发射尾翼稳定的破甲弹打坦克，也能高仰角吊射榴弹，打建筑物后的敌人，而且炮管薄、重量轻、射速快，很适合现在的近战、城市战。

光溜溜的滑膛炮，沉寂百年后再次走上战场，正发挥出越来越大的作用。

7.3 加特林机枪，从没落到反导

枪和炮一样，都是热兵器出现，向冷兵器时代告别的标志性兵器，发展了数百年。因此枪和炮一样，也有一些崛起、消沉、再次崛起的例子。加特林机枪，就是最典型的一种。

自从出现火枪后，人们就在不断追求能连续发射子弹的火枪。我们现在都知道，1883 年出现的马克沁机枪被称为第一种自动枪械，它是利用火药燃气完成连续射击、退壳、装弹的循环动作。在它之前，人们也尝试过用其它方法完成这套连续循环动作。

1718 年，英国人帕克尔设计了一种多个枪膛的连发枪，并申请到专利。它在后面有 6～9 个枪膛排成一圈，摇动一个手柄转动后，各个枪膛先后对准枪管，点燃火药发射弹丸。但以当时的金属加工、火药制造技术，它的缺点太多，没有实用性。比如，枪膛和枪管很难密封，火药燃气大量泄漏；打完一圈，就得重新向各个枪膛装填火药、弹丸，总体来说射速也就不快了；采用预先装填好的枪膛，直接更换，射速能高些，但重量大大增加。

图 7.3.1　1718 年英国人帕克尔发明的单管多膛手摇连发枪

不过，这种转动枪膛的基本结构到20世纪40年代还复兴过，我们后面会提到。

18~19世纪，人们设想过多种连发枪，但实用性都不高，直到19世纪后期，后膛装填、定装枪弹、弹匣等技术成熟后，才算有较大进展。比如，把多根枪管排列起来，每根枪管一个弹匣，然后用一个机构控制这些枪管轮流或者同时击发。这可以看作把10支枪拼到一起，射速也就提高到10倍，名义上是“连发”了，但重量也增加到10倍多，精度、可靠性等总体性能不算高。

(a)诺顿菲尔德机枪是把5根枪管排成一行，由上面的大型装弹漏斗供弹。

(b)蒙提格尼机枪是把37根枪管排成蜂窝状，固定在一个铁筒内，后面插入一个匹配有枪弹、火门的铁盘，摇动手柄后连续发射。

图7.3.2　多管排枪

1862年，美国人加特林设计出一种转管连发枪，不仅取得了专利，还被军队大量采购，因为它的综合性能要比前面提到的转膛枪、多管排枪高很多。加特林机枪有几根枪管排成一圈，每根枪管有自己的枪机。摇动一根曲轴，就带动这些枪管绕中心轴旋转。每根枪管的枪机在滑槽的控制下前后移动，完成抽壳、上弹、击发等动作。转过一圈，就完成一次装弹射击过程。和转膛枪相比，它的密封问题简单了，和普通步枪的差不多。和多管排枪相比，枪管都是轮流转到一个固定位置击发，精度更好；控制枪机运动的机构相对简单可靠，故障少；只需要一个装弹口、弹匣，总体重量小，尺寸也没那么宽。

加特林机枪的设计在当时很成功，因此辉煌了近半个世纪。它发展出很多口径，枪管数量从5管、6管到9管、10管，各式各样。当时几乎所有主要国家的军队都装备过加特林机枪，包括清朝军队。不过，作为步兵武器来说，多根枪管的加特林机枪还是比较沉重，因此基本上都采用双轮枪架，看起来跟一门小炮似的。当时清军就把加特林机枪叫作“格林炮”，“格林”是当时对“Gatling”的音译。

图 7.3.3　1865 年的加特林机枪

而1883年出现的马克沁机枪只需要一根枪管、一个枪机，重量比加特林机枪轻得多。它也不需要人摇动手柄，一个人就能操作射击。短短几年，马克沁机枪就代替了加特林机枪，而且夺取了“第一种机枪”“第一种自动枪械”的名头。

加特林机枪没有束手待毙，也设法提高自己。比如1890年出现了用电动机带动的10根枪管、射速高达3 000发 / 分的加特林机枪。可让步兵带着电源用这种机枪，显然不可能。军舰上倒是有方便的电源，可机枪射速再高，也打不坏军舰。它还有一个比较大的问题，就是供弹方式：用马克沁机枪那样的弹带供弹，很容易因高速度被扯断；用弹匣、弹鼓供弹，只能连续射击一两百发，其高射速的特点其实发挥不出来。

图 7.3.4　用电机驱动的 10 管加特林机枪

就这样，加特林机枪在 1900 年左右退出了战争舞台，一直过了半个多世纪。

二战结束后，战斗机的速度越来越快。空战中要抓住稍纵即逝的机会，用航空机枪、航炮击毁敌机，可以从两个方向努力。一是提高单发威力，即便命中一两发，也能摧毁敌机，为此苏联人为战斗机配备了 23 毫米、37 毫米航炮。二是提高射速或数量，这样就算时间很短，也能多命中几次，美国战斗机就偏好这种方式，二战中他们的战斗机就喜欢配备很多挺 12.7 毫米机枪。二战后开始用喷气式战斗机，美国的“佩刀”等战斗机也配备了 6 挺机枪，但实战表明，6 挺机枪的威力还是不够。

美国人也早就意识到这个问题，于 1946 年开始研制高射

二战中最著名的美国 P-51 战斗机配备 6 挺 12.7 毫米机枪，装在机翼内。它们和普通的 M2 机枪一样，采用弹链供弹。这是士兵正在为 P-51 的机枪补充子弹。

图 7.3.5　二战中美国的 P-51 战斗机

美国 F-86A“佩刀”战斗机侧面的三道小沟槽就是机枪口，全机一共 6 挺 12.7 毫米机枪。

图 7.3.6　美国 F-86A“佩刀”战斗机

速的机枪、机关炮，希望能达到 6 000 发 / 分钟，这样在一次扫射中，即便只有半秒打中敌机，也能命中 50 发。马克沁机枪这类自动枪械无法达到这样的高射速，于是美国人想到了 19 世纪的加特林机枪。飞机上有电源，动力不成问题；重量方面，6 000 发 / 分钟的射速相当于 10 挺普通机枪，机枪重量却不会有 10 倍，和高射速带来的射击效果比，这点代价值得付出。

新一代的加特林机枪，在枪管、电机等方面都很容易实现，因为 1890 年就实现过。关键是供弹方式，要求以每秒 100 发的速度持续输送几百甚至上千发枪弹，而且美国人还想用口径达到 20 毫米的机关炮。当时机枪、机关炮最常用的弹链供弹方式不行，因为在如此高速的拉扯中，金属弹链很容易发生卡滞、断裂。于是美国人研制出一种特殊的无弹链供弹系统，子弹、炮弹通过一条柔性的方槽滑向供弹口。

经过几年努力，美国人造出了一系列原型枪炮，口径有 12.7 毫米、20 毫米、27 毫米。测试过程比较长，因为这套供弹系统很新，而高射速对可靠性的要求很高。最后美国军方选择了 20 毫米机关炮继续发展，在 1956 年正式定型。美国陆军用的称为 T171 型机关炮，空军用的称为 M61 型“火神”航炮。

F-104 战斗机成为第一种配备加特林航炮的飞机，此后的美国战斗机基本上都采用 M61 型航炮。

(b) F/A-18 战斗机正在安装航炮，几乎所有美国主力战机都配备这种航炮。

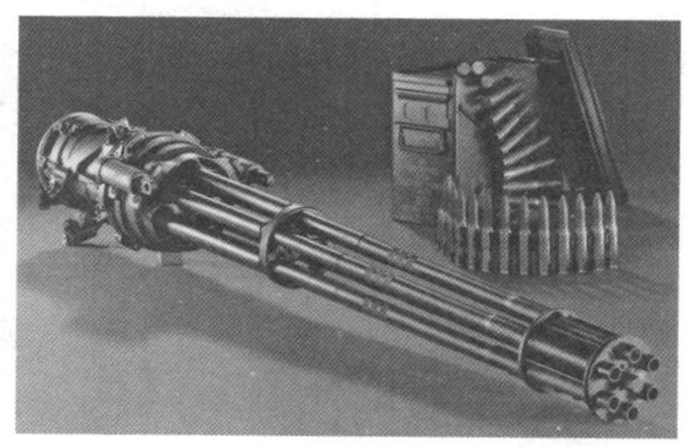

(a) 美国空军使用的 M61 型“火神”航炮。

(c) 航炮侧面这一大段钢片组成的滑道，就是供弹链路。

图 7.3.7　美国 M61 型“火神”航炮及其安装和供弹链路

美国后来又把 M61 这种加特林机关炮用到了舰艇反导上，设计出著名的“密集阵”近防武器系统。它依靠高射速快速发射大量 20 毫米穿甲弹，组成弹幕拦截快速逼近的反舰导弹。苏联人也采用加特林结构研制了 AK630 等近防炮。它们射击时，数根炮管高速转动，弹壳像雨点般洒落。

(a)“密集阵”是美国军舰乃至很多西方军舰的标准近防武器系统，它的火炮就是 M61。

(b)“密集阵”系统射击时的炮口，上面那根炮管正在发射，其它炮管则处于退壳、装弹等不同阶段，等转到上面位置后，就会击发射击。

图 7.3.8 美国“密集阵”近防系统

苏联 AK630 转管炮曾是其军舰标配的近程反导武器系统，后来代替它的“卡什坦”等系统也采用转管炮。

图 7.3.9 苏联 AK630 近防炮

美国还研制了几款加特林机枪配备给装甲车辆，执行防空、火力压制等任务。

欧洲人也追求高射速航炮，但他们不是转枪管，而是转动枪膛，这可以看作本节开始提到的转动枪膛结构的复兴。1943 年，德国毛瑟公司就研制出单管转膛炮 MG213，它有

美国 7.62 毫米系列的米尼岗转管机枪不仅配备在一些军车上，还配备到水面的快艇上，现在甚至被装到无人车上。

图 7.3.10　美国米尼岗转管机枪

20 毫米、30 毫米口径的多种型号。20 毫米的射速超过 1 200 发 / 分钟，30 毫米的射速为 1 000 ~ 1 200 发 / 分钟，几乎是当时同口径航炮的两倍。它只有一根炮管，后面是排成一圈的 5 个炮膛。德国人以其精湛的机械加工能力，较好地解决了炮膛和炮管间的密封问题。

图 7.3.11　德国毛瑟 MG213 转膛炮

二战后美国研制加特林机关炮是在缴获德国转膛炮之后，但美国人认为射速比口径更重要，因此转向加特林结构。欧洲人则更看重口径，所以英国人在德国 30 毫米毛瑟 MG213C 的基础上，研制了自己的“阿登”Mk1 转膛炮，配备给自己的战斗机。法国军械研制局（英文缩写 DEFA，音译为“德发”）设计了“德发”541 型航炮，而且研制工作的领导者就是曾参与 MG213C 研制的德国工程师。久负盛名的瑞士厄利空公司也研制了自己的转膛炮。

1971 年，英、德、意大利等国联合研制“狂风”战斗机时，德国毛瑟公司开始设计新一代的转膛炮，口径 27 毫米，要求最高射速达到 1 700 发 / 分钟。它在 1979 年进入德国空军服役，定名为毛瑟 BK27。英国为自己的“狂风”战斗机配备了 25 毫米转膛炮。法国则为自己最新的“阵风”战斗机配备了“德发”791B 型 30 毫米航炮，采用 7 条弹膛和新型电子控制装置，射速达到 2 500 发 / 分钟，是单管炮射速的世界纪录。

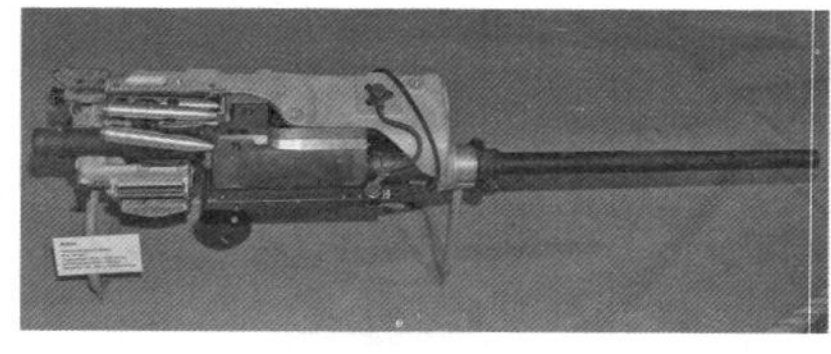

图 7.3.12　英国“阿登”和法国“德发”转膛炮

舰艇反导的近防炮，欧洲人也曾用自己的转膛炮设计过几种，比如德国的 MS27“迈达斯”，是把 4 门毛瑟 BK27 转膛炮装在一个炮塔内。

最特别的是西班牙的“梅罗卡”，把 12 根普通单管机关炮排成上下两排，这种结构也和本节开始提到的一百多年前就消失的多管排枪基本一样，也算一个“老兵”打算重返战场。它的理论射速高达9 000发/分钟。西班牙人觉得它的可靠性比加特林炮、转膛炮更高，即便一两根炮管出现问题，整套系统还能射击。不过这样的设计没能成为主流，只有西班牙人采用。

图7.3.13 西班牙“梅罗卡”近防武器系统

转膛炮在射速上不如加特林炮有发展潜力，后者如果把炮管增加到10管以上，就很容易达到每分钟一万发的射速，因此加特林炮逐渐成为近防炮的主流。

一百多年前退伍的加特林炮、转膛炮，如今重返战场。虽然不再有过去的辉煌，没成为机枪、机关炮的主力，但在反导、航炮队伍中，它们已占据主导地位。

八、三军兵器大串联

在上一节的介绍中我们已经知道，现在美国战斗机的航炮，原理、结构来自步兵的加特林机枪，研制成功后也给陆军、海军用了。把陆军兵器给海空军用，海军兵器到陆军客串，大家互相借鉴融合，这在兵器发展史上很常见。

这样做有三大好处。第一是时间快，能迅速形成一种新兵器。第二是降低生产成本，因为用的地方多了，可以分摊很多费用。第三，能产生新的使用效果，甚至解决某些难题。

不过别以为这么做能“偷懒”。地上的兵器串到天上，或者天上的兵器串到海里，还是要解决一些特殊问题的。

8.1　机枪与深水炸弹，登上飞机上天

在陆海空三军之间最常串来串去的，是枪炮弹药。航空机枪和航炮，是最典型的代表。

飞机刚发明后，就被用于战争。那时它们速度慢、载重小，因此主要用于侦察。双方在空中遭遇次数变多后，就开始想着把对方赶下去，于是有的飞行员带上手枪，出现空战。

1912 年 6 月，美国人钱德勒上尉首次尝试给飞机加上机

枪，他把一挺刘易斯机枪固定到一架莱特B型飞机的一根横杆上。不过他的目的是对地攻击，因此机枪是冲着前下方的。试飞中，飞机在76米的高度从目标上空通过，每次经过时，钱德勒扣动扳机，打出十来发子弹，其中一半击中了地面靶标。

图8.1.1　1912年6月7日美国人把一挺刘易斯机枪固定到飞机上进行空对地射击试验

第一次世界大战爆发后，各国更加体会到武装飞机的必要性。法国人首先在一架双座飞机上加了个活动支架，把步兵用的机枪安上去，由射手操纵它瞄准射击。1914年10月5日，法国人驾驶这种飞机打掉一架德国侦察机，这是首次击落敌机的空战。

机枪开始上天，但此后并非一帆风顺。

早期飞机的动力、飞行性能都不高，双座飞机明显不如单座飞机快速灵活，一些人就在单座飞机的机翼或者机身上装上固定朝前的机枪，依靠飞行机动，飞行员可以把机头对准敌机，然后开枪射击。空战对抗表明，双座飞机上虽然有专门的射手操纵机枪，理论上可以朝各方向射击，实战中却不如单座战斗机有效。

此时飞机设计师们还发现，把发动机、螺旋桨布置在机头，飞行性能更好。这样问题就来了：机枪得躲开前面的螺旋桨。

(a)早期有些战斗机的螺旋桨在后面，机头可以布置机枪，由驾驶员或专门的射手操纵射击。但发动机、螺旋桨在后面的布局方式，不如在前面飞行灵活，因此后来的飞机很少有螺旋桨在后面的。

(b)这架螺旋桨在前面的战斗机，后座有一位机枪手，操纵两挺机枪。

图 8.1.2　早期战斗机上的机枪

有的设计师把机枪装在上机翼上，有的装在两侧机翼的中间位置，都在螺旋桨旋转面之外。但这都有一个大问题：机枪装在飞机结构比较软的地方，飞行中由于机翼受力等因素，机枪瞄准线变了，结果精度低。而且那时用的都是普通的步兵用机枪，有时需要人手上膛、装弹、排除故障。所以机枪最好的位置在机头，驾驶员面前。

1915年春，法国飞行员加罗斯想到一个办法：在螺旋桨上对应枪口的位置，固定上一片斜钢板，子弹碰上后会弹开，基本不损坏螺旋桨，钢板会有损伤，空战过后可以更换一片。这个办法让他的空中射击更加精准，很快就击落3架敌机，还迫降了2架。

可没过多久，他的战斗机因为发动机故障迫降在德军阵地，螺旋桨上的小窍门被对方发现。德国人受到启发，认识到机枪安在机头才能提高射击效率，同时要躲开螺旋桨叶片。但他们并不满足于加罗斯的这个简单办法，因为这种方法一是影响螺旋桨性能，二是子弹有可能反弹回来损伤发动机。

德国有一位著名飞机设计师，就是荷兰人安东尼·福克，他很快设计出一个精巧的机构——射击协调器：在螺旋桨轴上加装一个凸轮，当叶片转到机枪口前面时，凸轮会顶推一根连杆，断开机枪扳机的控制杆，停止击发射击。这样，机枪子弹就不会打到螺旋桨叶片。安装这一机构的约300架福克E.3型战斗机，在此后的空战中击落了约1 000架协约国战斗机，

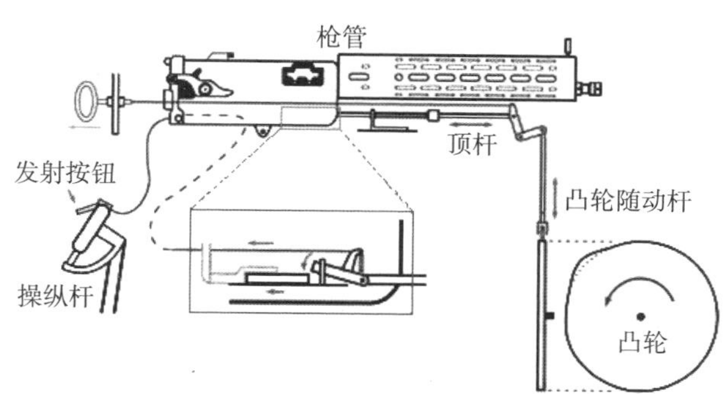

图8.1.3 航空机枪射击协调器的工作原理

图 8.1.4　福克 E.3 型战斗机（右图是模型）

成为空战史上著名的“福克灾难”。

可以说，有了这个“射击协调器”，机枪才算是成功上天，成为航空机枪。此后航空机枪成为机枪中的专门一类，但基本上都是以普通机枪为基础，修改一下固定方式、扳机后就成了。供弹方式以弹链为主，也有少数直接采用地面机枪的弹匣。

后来飞机设计师们不满足于机枪，发展出 20 毫米、23 毫米、37 毫米航炮。当然，它们也基本以陆军、海军用的机关炮为基础。设计师们还不满足，又把 45 毫米、50 毫米反坦克炮甚至 75 毫米坦克炮装到飞机上，用于打坦克、军舰。但后坐力对飞机来说大了些，而且作战效果没有预期的那么好，因为飞机一冲而过，留下打坦克的时间太少，而打军舰，100 毫米炮弹都不容易致命。

二战后的越南战争中，美国人才发现一个陆军大炮上天的理想用途。

当时面对防空火力非常薄弱的越南游击队，美军战斗机、攻击机的火力足够猛，但时间太短，在敌人头上“呼”的一下就过去了，再次射击还得飞一大圈回来，重新找到地面目标、瞄准。带弹量也只够打十几次。于是美军设想用运输机携带多门大口径火炮，反正也不怕被击落。二战经验已经表明，大口径火炮装在机头没太大用处，他们尝试把火炮装在机身侧面，驾驶飞机绕着目标点飞行，这样能持续不断地瞄准射击。试验效果非常好，随后很快研制出 AC-130 攻击机，俗称“炮艇机”。它在机身左侧后部装了 1 门 105 毫米炮，2 门 40 毫米炮，都来自于陆军，前者是榴弹炮，后者是高射炮。

这是陆军火炮第二次成功上天。虽然这种 AC-130 是特种作战飞机，不算主流，但对地攻击效果非常好，因此也成为一款著名飞机。其实飞机、火炮方面都没有什么特殊技术，成功的原因在于找到了合理的组合方式和战术。

图 8.1.5　美国 AC-130“炮艇机”

海军武器上天的例子也有，而且有一种是上天解决大问题的。

二战初期，德国潜艇开始在大西洋肆虐，英国赶紧发展各种反潜力量。飞机反潜是重要手段，可他们的反潜机第一次投弹攻击潜艇时，炸弹撞击水面后弹到空中爆炸，打穿了飞机油箱。第二次攻击，又是这样，2 架飞机被自己扔的炸弹击伤落海，飞行员被德国潜艇俘虏。第三次，再次失败。

事实证明这种为飞机设计的反潜炸弹完全是个错误，因为设计师没有想到海面和地面有区别。研制全新的炸弹，要经过试验、完善等阶段才能批量生产，能否找到一种现成武器稍加改进，赶紧应急呢？英国人能找到的唯一武器是一种200千克的深水炸弹，军舰在1918年开始使用，弹体是圆柱形。试验结果表明，它比先前那种反潜炸弹好多了：采用一个简单的水压引信，就只会在水里爆炸；弹壳薄、炸药多，水下杀伤威力大，不会产生无用的弹片。但它原先设计是从军舰上投放的，现在从天上扔，也有一个缺点：如果直接投到潜艇上，或者投弹高度、速度过大，炸弹有可能撞坏。好在这个缺点在使用中注意一下就容易克服。

于是英国岸防航空兵从海军部领来700颗这种深水炸弹，在前面加个圆形整流罩，后面加个尾翼，改装成反潜机用的空投炸弹。这种从军舰串上飞机的反潜炸弹，总算改变了英国反潜机的尴尬处境。

8.2　发动机，从陆到天再落地

发动机，是各军种很多兵器的核心部件之一，在其发展道路上也是经常相互借鉴和影响。

飞机用的发动机，最早就来源于汽车发动机。1883年，德国的戴姆勒制造出小型汽油机后，汽车技术得到快速发展。这类汽油发动机随后成为小船的动力，并受到飞行梦想家们的

图 8.2.1　发动机是很多兵器的核心部件之一

关注。飞机需要重量轻、马力大的发动机，也就是比重量（发动机重量和它的输出功率之比）数值低。戴姆勒汽油机的比重量为 30 千克 / 马力，可以驱动地面车辆了，但驱动飞机不行。到 1900 年，汽油机的比重量降到 4 千克 / 马力，驱动飞机有了可能，于是一些飞行先驱者们开始购买、改装现成的汽油机，制造自己的飞机。莱特兄弟的飞机，用的就是他们自己设计制造的一台单缸汽油机，比重量在 6 千克 / 马力左右，通过自行车链条驱动螺旋桨。

图 8.2.2　莱特兄弟的飞机

此后到第一次世界大战前，飞机采用的都是燃烧汽油的活塞发动机，不仅原理结构和汽车发动机一样，性能数据、附属设备等方面也比较接近，有的就是用汽车发动机修改而成。直到一战，飞机性能快速提高，航空发动机才开始和汽车发动机有了不同的侧重和发展方向。比如航空发动机一直追求小的比重量、大的功率，尺寸可以大些，于是出现了星型发动机、旋转活塞式发动机；而汽车发动机追求经济性，尺寸不能太大，功率则是足够就可以。

从一战后到二战结束，航空发动机和汽车发动机分别走在两条发展路线上，但它们的研制生产者经常是一家，有不少还一直延续到如今。比如名车“劳斯莱斯”，英文名 Rolls-

图 8.2.3　航空发动机和劳斯莱斯汽车

图 8.2.4　二战时宝马公司的产品

Royce，航空界则翻译为“罗尔斯－罗伊斯”，简称“罗罗”，其生产商为当今航空发动机产业三大巨头之一。德国宝马公司，1916 年由一个制造飞机发动机的公司注册成立，第一个成功产品是用到一战时德国飞机上的航空发动机；二战中，最大的军用水上飞机是宝马造的，德军闪击战的标志之一——摩托车，宝马造的几乎占一半。

二战后，航空发动机以涡轮喷气式发动机为主，并逐渐发展出涡轮风扇发动机、涡轮螺旋桨发动机、涡轮轴发动机。后面三种，都可以看作涡轮喷气式发动机（一般简称涡喷）的发展。涡扇发动机，现代战斗机基本都采用它；涡桨发动机，可以看作把涡扇前面的风扇扩大成螺旋桨叶片，省油但速度不高，适合中小型运输机；涡轴发动机，相当于把涡桨的螺旋桨叶片去掉，直接通过一根旋转轴输出动力，现代直升机就常采用涡轴发动机，动力轴的输出被传递到旋翼、尾桨上。

图 8.2.5　瑞典 Strv 103 轻型坦克采用了柴油机和燃气轮机两台发动机

涡轴发动机的动力轴既然可以连到直升机旋翼上，自然也可以连到汽车轮胎上。1950 年，英国制成第一辆燃气轮机汽车，其核心技术就跟当时喷气式战斗机的涡喷发动机一样。1958 年，瑞典研制 Strv 103 轻型坦克时，除了柴油机，还采用了燃气轮机。

越南战争中，美军大量使用 UH-1“休伊”直升机，所以这场战争也被称为“骑在直升机上的战争”。UH-1 直升机采用的发动机就是一台 T53 型涡轴发动机，是莱卡明公司研制的。20 世纪 70 年代末，该公司参加美国 M1 主战坦克的研制时，就大量借鉴研制 T53 发动机的经验，研制出 AGT1500 燃气轮机作为坦克的主动力。苏联研制 T-80 主战坦克时，也用燃气轮机完全代替了柴油机。

图 8.2.6　美军 UH-1 直升机和 M1 坦克的发动机

发动机从地面走向天空后，这次又从天空走向了地面。它们还走向了海洋。

涡扇、涡桨发动机在飞机上得到成熟运用后，它们的核心技术也被用于发展船用燃气轮机。1960 年，美国通用电气公司就应美国海军要求，为小型炮艇研制一种反应速度快的发动机。他们以当时 F-4“鬼怪”等战斗机采用的 J79 系列涡喷发动机为基础，研制出 LM1500 型燃气轮机，装到海军快艇上。这是美国海军舰艇第一次采用燃气轮机作为动力装置。

没过几年，通用电气公司又研制了著名的 LM2500 燃气轮机。它以 TF39 涡扇发动机的核心机为基础，而 TF39 是为 C-5 大型战略运输机研制的。此后，美国乃至西方很多国家的海军舰艇，主动力装置都是 LM2500 燃气轮机，比如“佩里”

级护卫舰、“伯克”级驱逐舰。

现在很多军舰都以燃气轮机为主动力，有的加上柴油机作为巡航发动机。而军舰的燃气轮机发动机又回到地面，被改装为偏僻基地的发电站，LM2500 燃气轮机就是很多油田电站的发动机。

图 8.2.7　很多油田电站的发动机是由 C-5 运输机的发动机（左下图）改进而成的 LM2500 燃气轮机（右下图）

和柴油机相比，同样功率下，燃气轮机体积更小；零件总体数量比柴油机少很多；只有旋转部件，没有活塞、曲轴等往复运动的部件，工作时振动小很多；功率变化速度快，适合突然加速或减速，或者用电负荷的频繁变化。这些优点，让它在舰船、小型电站方面有比较广的用途。

但对于车辆来说，燃气轮机有两个缺点比较大：一是油耗高，特别是在低功率工作时；二是对进气的清洁度要求高，需要很大的进气过滤系统，结果动力系统的总体尺寸不比柴油机小。所以，迄今为止，只有前述三种坦克采用了燃气轮机。

瑞典的 Strv 103 是很特别的一种无炮塔坦克，它用了两台发动机，一台是约 169 千瓦（230 马力）的多燃料发动机（一般烧柴油），平时主要由它工作；另一台才是燃气轮机，约 243 千瓦（330 马力），在高速行驶或通过复杂地形时才工作，利用它功率响应快的优点来适应频繁改变的工况。这种坦克没有炮塔，炮管瞄准得靠车体原地转向，这样转转停停，要把整辆坦克当作炮塔那样瞄准，对动力变化的响应速度自然有很高要求。

美国 M1、苏联 T–80 两款坦克，则采用超过 1 000 马力的大功率燃气轮机作为唯一动力。但苏联后来研制坦克时，也改回柴油机路线。燃气轮机汽车也很快被放弃了，现在只有一些

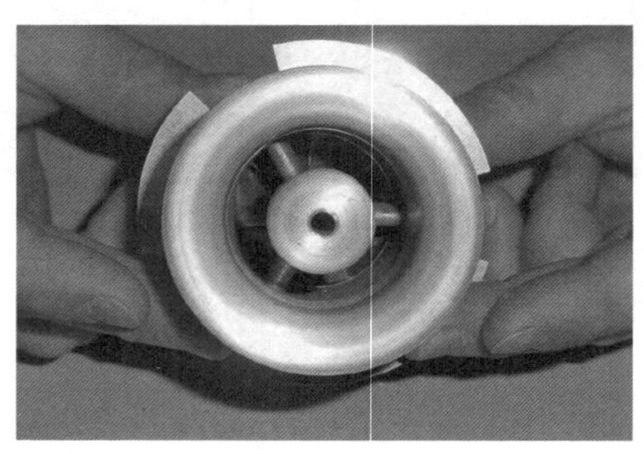

美国国防高级研究计划局资助研制的一种微型涡喷发动机，重量只有 0.454 千克，长 7 厘米，直径 7 厘米。和现在普通的巡航导弹、反舰导弹采用的涡喷发动机相比，它的尺寸、重量又小了很多，用作无人机发射的超小型导弹的动力。

图 8.2.8　美国研制的一种微型涡喷发动机

特殊的竞速赛车采用飞机的涡喷发动机。

不过随着技术的进步，谁都无法预料飞机发动机何时会在地面占领更大市场。比如，现在已经有多种小型涡喷发动机供导弹、无人机使用，尺寸从电饭煲大小到可乐瓶大小都有。小型航空发动机越来越成熟、廉价。

现在已经有多家公司研制出多台涡喷发动机组成的单人飞行器，可以在低空自由悬停、飞行。如果在材料等方面继续进步，涡轮叶片的可靠性、寿命得到提高，完全可以造出新结构的小型气垫船、气垫车，在海面、地面快速漂行。它们作为新一代的"轻骑兵"，也许会创造出新的战争模式。

这种单人飞行器装有四台涡喷发动机，人站在上面通过一个控制手柄就能飞行了。虽然还存在飞行时间短、噪音大等缺点，但发展和应用潜力都很大。

图 8.2.9　装有四台涡喷发动机的单人飞行器

8.3　制导弹药，学导弹替导弹

导弹是现在用得最普遍的兵器，不论地面的步兵，还是空中的战斗机、水上的舰艇，都会用到各种类型的导弹。不过，最近几年"导弹"正在让位给"制导弹药"。因为制导设备的种类越来越多，性能越来越好，价格却越来越低，所以很多导弹的“眼睛”“大脑”被移植到过去笨笨的兵器上，形成了一些新兵器。它们的种类越来越多，人们只能造出一个新词——“制导弹药”，来概括和统称它们，它们有制导炸弹、制导炮弹、末敏弹、制导火箭弹（还至少分两种），还有一种不知道该不该算弹药的巡飞弹。

制导炸弹其实比导弹更早上战场，前面第4.3节曾提到德国的Hs293和“弗里茨”X在1943年8、9月用于实战。“弗里茨”X就是一种制导炸弹，无线电遥控导引，从空中落向敌舰。Hs293研制之初是无线电控制的滑翔炸弹，后来为了增加射程，加了个火箭发动机，从而成为第一种反舰导弹，也是第一种用于实战的导弹。

图8.3.1　二战末期德国研制的“弗里茨”X

后来人们定义“导弹”时，提出了三个基本特征：第一，能控制飞行弹道，导向目标；第二，有弹头，能毁伤目标；第三，有推进装置。可以看出，“弗里茨”X符合第一和第二条，但缺了第三条，因此不算导弹，而是制导炸弹。当时制导炸弹的射程比导弹小很多，精度、威力等基本一样，因此作战效果明显不如导弹，价格则都很昂贵。人们希望昂贵的制导设备能发挥更大作用，因此认为制导炸弹不如导弹有前途。

制导炸弹重新受到重视和获得发展是在20世纪60年代的

越南战争中。为了攻击越南北方的重要桥梁，美军飞机投掷了多种弹药，包括无线电、电视制导的空地导弹，结果都不理想。比如美军曾多次轰炸越南的清化大桥，有几次投弹将近100吨，结果都只是让大桥受了一点“皮外伤”，几天就可修复，美军自己反倒被击落飞机104架，击伤112架。恰好此时出现了激光技术，美国利用激光束方向性好、强度高的特点，研究出激光半主动制导炸弹。1969年3月，美军6架飞机掩护4架飞机，向清化大桥投了4枚“宝石路”激光制导炸弹，直接炸毁2个桥墩，让它瘫痪了半年。

(a)越战中，面对高炮、地空导弹的火力网，飞机要把一座桥梁炸断并不容易。有些桥面以混凝土结构为主，还算比较容易炸断，因为炸弹能直接命中桥面。

这种激光制导弹药需要投弹飞机或地面人员用激光器照射目标，有效照射距离不过几千

(b)像清化大桥这样的钢结构桥，就很难直接命中它的重要部位。美军当时动用了多种战机、炸弹，包括AGM-12“小斗犬”这样的空地导弹，都没能重创清化大桥。直到采用激光制导炸弹直接命中2个桥墩，才重创该桥。

图8.3.2　越战中美军飞机轰炸北方的桥梁

米，因此射程远不了，也就没必要加发动机。和当时的无线电、电视、红外制导的空地导弹相比，激光制导炸弹的精度高很多，能达到三四米以内。

图 8.3.3 GBU-16“宝石路”激光制导炸弹

从此，制导炸弹成为空军弹药库里的重要品种。到 1991 年海湾战争时，美国“宝石路”系列激光制导炸弹的用量已经超过空地导弹。进入 21 世纪后，又发展出依靠卫星定位系统制导的“杰达姆”炸弹，新闻媒体中常称之为“卫星制导炸弹”。人们还

这种激光制导炸弹重达 2.3 吨，是 1991 年海湾战争中为了对付伊拉克的地下指挥所而特意紧急研制的。

图 8.3.4 F-15E 战斗机投掷 GBU-28 钻地弹

中间黑色弹体部分是普通炸弹，弹尾加上那个有 GPS 天线、制导系统的组件就可以了，单价很低。

图 8.3.5 GBU-38“杰达姆”制导炸弹

现在制导炸弹流行配备这种折叠弹翼，展开后可以让炸弹滑翔，把射程提高到几十千米。

图 8.3.6　配备折叠弹翼的制导炸弹

研制了可以折叠的弹翼，加装到制导炸弹后背上，高空投放时射程能达到几十千米，不输于普通导弹了。

制导炸弹的技术发展历程与导弹的技术发展历程可以算两条线，后来的各种制导弹药基本是在制导炸弹和导弹的基础上发展而成的，而且它们都是把这两种制导技术移植、融合到过去的老兵器、笨兵器上。

制导炮弹的发展，首先是炮弹借鉴了制导炸弹最拿手的激光半主动制导技术，美国的“铜斑蛇”、苏联的“红土地”就是这样。但和炸弹相比，榴弹炮发射时炮弹要承受超过上千个重力加速度的过载，因此制导设备要造得足够坚固。炮弹尺寸也比炸弹小很多，所以早期的制导炮弹发展不快。在迫击炮上，制导设备需要承受的过载小很多，后来人们就研制了更多激光半主动制导的 120 毫米迫击炮弹。迫击炮以前和榴弹炮相比，最大的缺点就是精度差，误差几乎高一个数量级，现在用上制导技术，误差能缩小到两三米内，反倒比榴弹炮打得更准。

(a)试验中“铜斑蛇”攻击 M-48 坦克。

(b)俄罗斯 155 毫米“红土地 -M”末制导炮弹武器系统。

图 8.3.7 “铜斑蛇”和“红土地”制导炮弹

迫击炮炮弹发射时过载小，因此还能借鉴空空导弹、反坦克导弹常用的红外制导技术——在炮弹头部装上红外导引头，能从地面上区分出发热的坦克。不过这样的制导头成本不低，破坏了迫击炮炮弹原来“价廉”的优点，所以用得不多。

进入 21 世纪后，制导炸弹采用的卫星制导技术又被移植到炮弹上。还有过去弹道导弹最常用的惯性制导设备，尺寸越来越小，现在不是飞几千千米，而是只飞几十千米，惯性设备的尺寸就能更小了，于是新一代惯性制导技术也从导弹移植到炮弹上。卫星制导、惯性制导设备要比激光制导设备更简单，更容易装到炮弹上；不需要前方人员用激光器照射目标，提前输入目标的坐标就可以。虽然只能打固定目标，但这更符合炮兵过去的射击习惯。火箭炮也把这两项技术用到了火箭弹上。

于是现在，但凡是新研制的榴弹炮、迫击炮、火箭炮、迫榴炮，都会配套研发制导炮弹。

炮射导弹，可以算制导炮弹的近亲，因为都是从炮管出来。不过制导炮弹的主体还是过去的炮弹，只是加装了制导设备，没有发动机，外形和炮弹几乎一样，它们一般都是曲射的，射程超过 10 千米。而炮射导弹，一般是配备给坦克炮这样的直射火炮，打近距离目标，它有制导设备、弹头、发动机，本质上还算是导弹，只不过选了一根炮管当发射管。美国研制第一种炮射导弹“橡树棍”时，还特意配合它研制了 152 毫米的坦克炮，这种炮基本上只适合打这种导弹，打别的弹时威力很低。

图 8.3.8　M551 坦克发射“橡树棍”炮射导弹

苏联 / 俄罗斯则为坦克的 115、125 毫米滑膛炮研制过多种炮射导弹，并提高其远程攻击能力。它们像普通穿甲弹那样依靠发射药加速，飞出炮管，然后有个小型的火箭发动机保持飞行速度。装在坦克上的制导设备，则跟步兵、直升机用的设备差不多。除了美国、苏联 / 俄罗斯，现在很多其他国家也都研制和装备了炮射导弹，包括中国。

图 8.3.9　以色列试验他们的“拉哈特”激光半主动制导坦克炮射导弹

末敏弹，全称叫“末段敏感弹药”。简单说就是：弹药飞行到最后阶段时，通过一个敏感的探测设备，直接看地面上是否有目标，看到了，就引爆，看不到，就接着看。它可以被看作更简单的制导炮弹，只借用了导弹制导技术里最基本的目标探测技术，而控制飞行轨迹的弹翼什么的，统统不要了，甚至连它看目标的“眼睛”都是一个固定视线，而且视角很窄。那它怎么搜索、攻击目标呢？这个在后面的 9.1 节再细说。

火箭弹有三个差别较大的种类：一是单兵火箭筒发射的，常被称为单兵火箭；二是地面火箭炮发射的；三是飞机、直升机发射的，一般叫航空火箭弹。航空火箭弹口径不大，多为 70 毫米，装在一个圆柱形的火箭发射巢内，这是攻击机、武装直

这种发射巢里可装 19 枚 70 毫米火箭弹，是美军武装直升机的标准武器之一。

图 8.3.10　AH–64 武装直升机挂载的航空火箭弹

升机上很常见的弹药。随着制导设备成本降低，人们希望给它也装上简易制导设备，从而把一个火箭发射巢内的火箭弹变成十几枚“导弹”。

从哪儿借用制导技术呢？人们选了两种方法。一种方法是像激光制导炸弹那样，在火箭弹头加装一个激光导引头，接收目标反射的激光。但是制导设备要能分辨激光方向，结构上就不能太简单，不太适合比胳膊还细的航空火箭弹。

另一种方法是向同样小巧的反坦克导弹学习，借鉴它们常用的激光指令、激光驾束制导技术。这类反坦克导弹尾部有激光接收器，接收后面发来的激光信号，从而调整上下左右，奔向目标。这项技术要用到航空火箭弹上，有一个难题要克服，就是火箭发动机的尾焰问题。反坦克导弹的发动机喷口都不在最后面，而是在两侧冲外，这样喷出的尾焰不会干扰后方的激光信号或者烧坏导线。航空火箭弹如果改发动机，变化太大，会失去低成本的优势，于是有的公司在导引头的两片弹翼上加装了两个小激光接收器。当然也有采用其它方法的，比如改进激光设备、火箭燃料，减小干扰影响。

现在很多国家都在研究专门的改装组件，准备加装到大量库存的火箭弹上。与地面火箭炮发射的火箭弹相比，航空火箭弹的尺寸要小很多，如上所述，用到的制导技术也不是来自于大型导

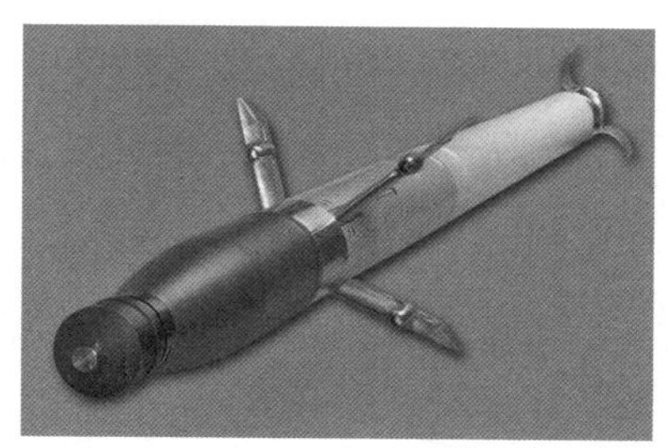

图 8.3.11　BAE 系统公司研制的一种航空制导火箭弹

弹、炸弹，而是来自于小型的反坦克导弹。为了区别，一般把改装后的航空火箭弹和地面火箭炮发射的火箭弹分别称为“航空制导火箭弹”和“制导火箭弹”。

单兵火箭是反坦克导弹的前辈，随着反坦克导弹越来越普及，它的地位在下降，但也没有坐以待毙。欧洲、美国研制了一种新型反坦克导弹，不用红外、激光等制导技术，而是用特别简单的惯性制导设备。射手射击前，瞄准目标坦克跟踪一两秒，惯性制导设备就会记录下摆动的速度；发射后，导弹根据这个摆动速度，假设目标坦克还在按先前的方向和速度运动，预测对方的方位，同时调整自己的飞行方向，直到命中。说它是导弹吧，可制导方法要比过去的简单很多，可以看作是在无制导的单兵火箭上加了个最基本的惯性制导设备，因此有的国家不把它称为导弹，而是将其和过去的火箭筒一样归入“轻型反坦克武器”。

最后要说的巡飞弹，都不知道该不该算弹药了。

传统的弹药，不论普通炸弹、炮弹还是导弹，甚至包括子弹，它们的一大特点就是：回不来的。它们被发射出去后，要么打中目标、爆炸，要么没打中、自毁，失效的就成了未爆弹，对自己人都是个威胁。可巡飞弹不是，它的发展源头不是弹，而是机。

当年无人机技术发展起来后，人们设计出一些自杀式无人机，主要用于攻击雷达。它们的主体结构还是无人机，模拟大个头的作战飞机，引诱敌人雷达开机，无人机上装有炸药、弹头，顺着雷达波飞向雷达，炸毁它。再后来，随着技术发展，敌方雷达的对抗、隐蔽措施更多，这种自杀式无人机的飞行时间也更长，自主性更高。于是人们让它在天上巡逻飞行，探测到敌方雷达后就攻击，攻击过程中，如果目标雷达关机，就回到预定高度继续巡逻；要是一直没探测到雷达，就飞回来，下次再出动。这样能大幅度提高压制敌方雷达的效果，还避免了浪费。

研制来研制去，这种无人机的结构样式逐渐向炮弹、导弹靠拢——机翼折叠后外形简单，能用火箭炮或者一个简单的发射架、发射筒发射。结果出现了一个新名称——“巡飞弹”，巡逻飞行的弹药。可它只要不爆炸，就能回收再用，这又压根儿不像“弹药”。说它是自杀式无人机，可作战效果又确实像弹药。

图 8.3.12　美国的“弹簧刀”单兵巡飞弹

图 8.3.13　欧洲 MBDA 公司的 TiGER 巡飞弹及其地面控制站

最后稍微解释一下，为什么它们被统称为“制导弹药”而不是“制导兵器”。说制导兵器时，一般除了导弹、制导炮弹等，还包括必要的发射、制导设备。比如防空导弹，在地面要有制导雷达或光电制导设备；反坦克导弹，后面会有一个步兵扛着的光电瞄准制导设备；激光制导炸弹，需要飞机挂一个激光指示吊舱，或者地面有引导员操作激光指示器。当然，整个制导兵器的核心，战争中消耗最多的，还是发射出去的这些制导弹药。

九、巧干出奇招

在上一节介绍末敏弹时，曾提到它不控制飞行轨迹，“眼睛”也只能看固定方向，却能寻找攻击目标，这是因为它用一种非常巧妙的办法完成了看似复杂的搜索攻击过程。在兵器发展史上，特别是在现代，经常出现一些看似非常智慧的兵器，解开秘密后却发现它其实很笨，根本没有脑子，而这种“没脑子”的后面其实包含了兵器设计师的大智慧。

用简单而巧妙的方法绕开技术难题，是设计出创新兵器的最好方法。

9.1　末敏弹，简单加数量的反装甲利器

我们先结合末敏弹的全称“末段敏感弹药”介绍一下它的基本结构和特点。

第一，叫“弹药”而不是“炮弹”。这是因为末敏弹极少有单独作为一颗炮弹的，而是作为一种子弹药，装在子母弹型的炮弹、炸弹、火箭弹里。末敏弹基本上都是圆柱形，和一个小奶粉罐似的。一般在榴弹炮发射的子母弹里可以装2颗末敏弹型的子弹药，作战飞机投掷的子母弹型炸弹里能装上百颗，

火箭炮发射的子母弹型火箭弹里也能装几十颗。

第二，末段。之所以叫“末敏弹”是因为它“聪明”的时间是在攻击目标的最后阶段。作为子弹药，它们先是待在炮弹、炸弹里往目标飞，不看也不听，没有正式开始工作。飞到目标区上空后，炮弹里会点燃一个小火药筒，把末敏弹从尾部推出去。子母弹型炸弹，则大多是裂开外壳，天女散花般地把子弹药撒开。此后，末敏弹还要经过打开降落伞或减速片等过程，才开始正式工作。其实有不少导弹，也是在最后阶段才打开主要的导引头，前面都是靠一些更简单的设备如惯性设备或无线电指令往目标的大致位置飞去。只不过末敏弹和它们比起来，这个最后阶段表现得更明显，因此在名称中带上了“末段”这个词。

第三，敏感。这是末敏弹最核心的地方。

末敏弹上探测目标的设备是一种简单的物理感应器，比如红外辐射计或者毫米波辐射计，它们要比红外热像仪、红外探测器、毫米波雷达简单很多。比如红外热像仪有一组红外辐射探测器，把红外信号转变为电信号以便检测，而收集红外辐射形成可以“看”出目标方向的图像，还需要一套包含红外透镜和扫描机构的装置，这套装置的体积在红外热像仪中占了大部分，成本有时候比红外辐射探测器还高。红外辐射计则没有扫描机构这些装置，透镜、红外辐射探测器也是满足基本要求就行，因此它只能盯住一个方向，看到的结果也只是前面有热目标还是没有。毫米波辐射计也是这样，比毫米波雷达少了扫描装置，只能向前方发射毫米波，然后检测是否有回波。

这类简单的感应器，尺寸、重量自然都很小，价格也便宜，因此适合装到子弹药这种小型弹药里。它们的探测距离有限，只能看明白几百米甚至几十米内的目标，从这方面来说，它们更像是炮弹、导弹上用的近炸引信。在末敏弹上，它们也确实跟弹药引信结合在一起，看到目标就引爆，功能上很像引信。

那怎么寻找目标呢？总不能乱看吧，这是最关键的。

人们想出的解决方法是：让末敏弹从空中一边下落一边旋转，这样它的“视线”就会在地面上螺旋扫描，从外往内。在末敏弹的后面放出一个降落伞或者一片弹翼，稍微偏离弹体中心轴，就可以让弹体倾斜一个角度旋转起来。从数百米高度落下，末敏弹能扫描完一个直径一两百米的圆形区域。

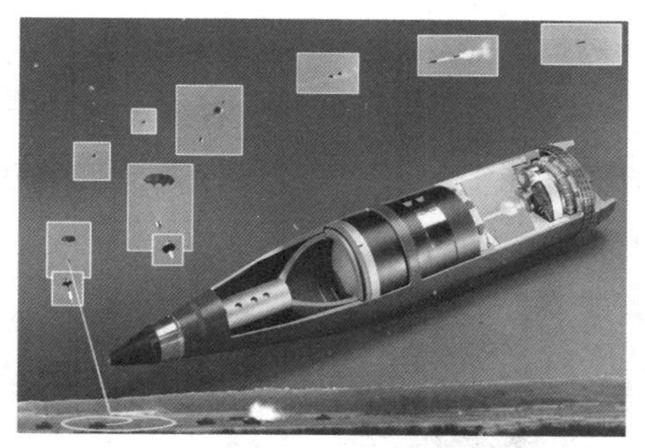

图 9.1.1　SMART 型反装甲攻顶末敏弹及其扫描过程

跟着的问题是：引爆距离可能离目标有几十甚至上百米，能击毁目标吗？好在人们早已有一种打坦克的弹头，适合这种远距离杀伤，那就是自锻破片战斗部。它有点类似 6.3 节提到的聚能装药战斗部，但在前端有点区别：圆锥形凹坑变得比较浅，薄薄的金属层变厚，材料也从软金属紫铜变成更坚硬的钢、

钼或者钽。引爆后，也是利用门罗效应，把炸药的爆炸能量聚往中轴线，但厚硬的金属层不会变成液态金属流，而是被冲击波“锻”成了一个类似子弹的金属块，以 2 000 ~ 3 500 米 / 秒的速度向前飞去，像一颗穿甲弹。这就相当于战斗部依靠自身炸药的能量锻造出一颗高速弹丸，因此它被叫作“自锻破片战斗部”或者“自锻弹丸”。

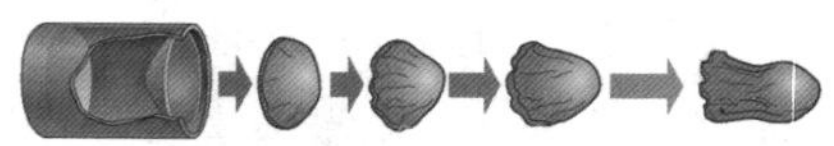

图 9.1.2　自锻破片战斗部利用炸药爆炸的压力把金属罩挤压成一个近似长杆的弹丸高速射向目标

与聚能装药破甲弹相比，自锻弹丸速度、温度都更低，穿甲威力小一些，但好处是能飞更远。坦克的顶装甲都比前装甲薄得多，一般只有几十毫米，用自锻弹丸从空中打坦克的“天灵盖”正合适。

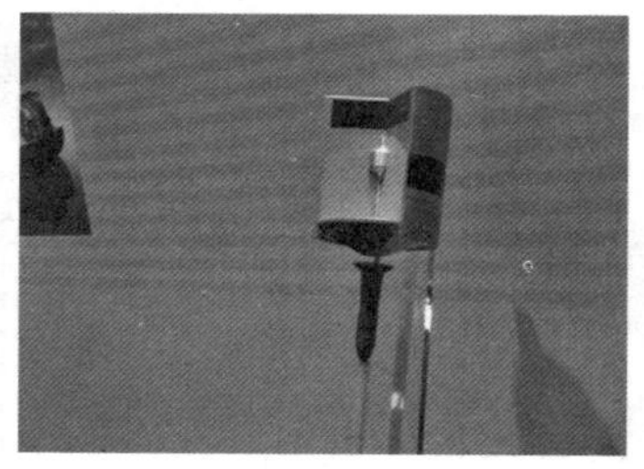

图 9.1.3　末敏弹的自锻破片战斗部适合从上方“射击”坦克的顶装甲

搜索、攻击两个问题都解决了，于是末敏弹成为一种攻击坦克、装甲车辆的优秀子弹药。如果它转着转着落到地面，一直没发现目标呢？这也不要紧，直接引爆自毁。末敏弹部件少，成本低，经得起“浪费”。它的尺寸比导弹小，作为子弹药一打往往是几十颗，攻击敌人的坦克、车辆集群，只要有一部分能看到、引爆、攻击目标就够了。

对于末敏弹独特的螺旋搜索方式，人们也有不少发展，美国 BLU-108 反装甲子弹药就是一个典型代表。

BLU-108 名为子弹药，其实是由 4 颗外号“泥鸽”（Skeet）的子弹药组成，后者才是真正的末敏弹。它们被装在一个圆柱形容器内，容器里还有两个短轴，一个降落伞，一个小火箭发动机。长圆柱条的 BLU-108，10 个一组地装在一个 SUU-66 战术弹撒布器内，形成 CBU-97 或 CBU-105 型反装甲子母弹。

图 9.1.4　甩出 4 颗“泥鸽”的 BLU-108 反装甲子弹药

BLU-108 被抛撒出来后，降落伞打开，让自己以竖立的姿势下落。落到离地面十几米高度时，降落伞脱落，火箭发动机启动，让圆柱体旋转起来。在旋转离心力作用下，4 颗“泥鸽”被甩到圆柱体外，而且短轴会偏一点，让它们的中心轴不再垂直。圆柱体转到足够高速后，4 颗“泥鸽”被解扣，向 4 个方向平飞出去。它们会在惯性作用下继续旋转，但因为不是垂直的，所以每个“泥鸽”的中心轴在地面画出的是一条旋转移动的扫描线。圆柱体加上“泥鸽”，两个简单自旋组合，就形成了一个复杂的扫描图案。

和降落伞的方法相比，“泥鸽”末敏弹扫描时的高度基本保持在十几米，没有从高到低的过程，就不会因为高度太大而错失目标，或降低自锻弹丸的威力。而且这样扫描速度快，加上一颗子母弹抛撒出40个“泥鸽”，目标区很快就会被扫描攻击一遍，降低了敌坦克从扫描间隙中漏过的概率。

末敏弹用简单的自旋动作加上低成本和数量优势，组合出不输于导弹的智能攻击效果。

9.2 栅栏装甲和爆炸反应装甲，笼子、炸药当装甲

上一节讲的末敏弹主要是打坦克的，现在讲讲坦克防打的装甲。装甲也有一些巧妙的发明，最典型的就是用笼子当装甲，用炸药当装甲，它们的防护效果能够超过重几十倍甚至几百倍的装甲钢板。

图9.2.1 笼子、炸药也能当装甲

说起这些装甲的防护原理，先简单回顾一下破甲弹的穿甲原理。装药爆炸后，把前面的锥形罩压缩成高温高压的液态金属流，冲击装甲钢板。这股金属射流的状态是获得高穿甲力的关键，因此破甲弹经常有一根伸出的探杆，让聚能装药引爆时

和装甲的距离不远不近。近了，金属射流刚形成，外形短粗；远了，金属射流因为不同部分的速度差很大（从1 000米/秒到8 000米/秒甚至每秒上万米），会拉得过长过细，甚至断开。所以，聚能装药引爆时与装甲的距离（称为“炸高”）远了、近了，都会影响金属射流的穿甲能力。

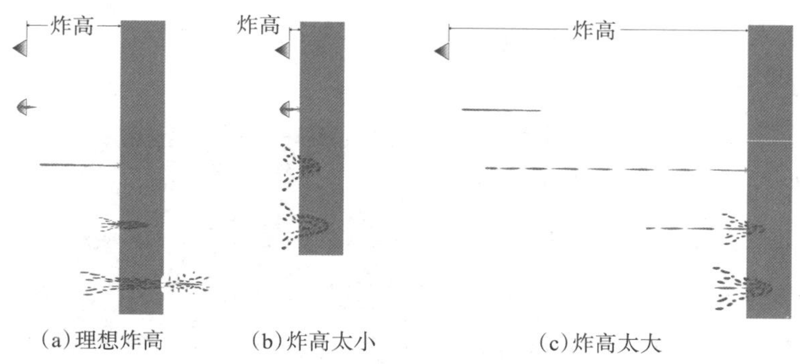

图9.2.2　破甲弹的炸高

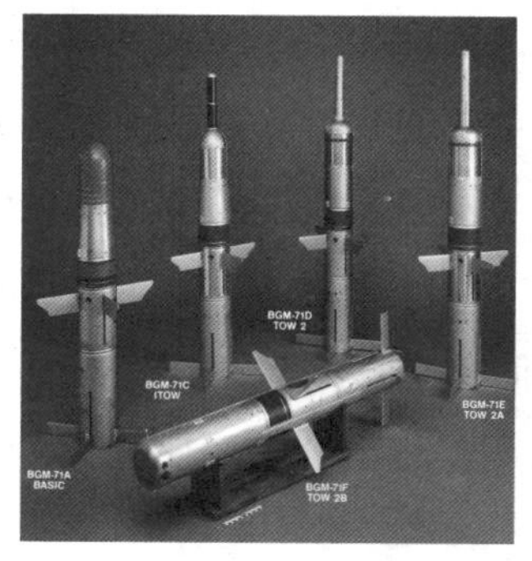

图9.2.3　美国“陶”式反坦克导弹系列（上边3种型号在头部伸出探杆就是为了获得理想的炸高以提高破甲效率）

装甲设计师们就是从这个地方找到了灵感。

第一招，让聚能装药贴上装甲后再引爆，甚至让它的引信

失效炸不成，可是让引信失效、聚能装药不引爆很难办到。第二招，在装甲前面加块钢板，远距离引爆它，理论上、技术上都可行，但这块钢板需要前伸的距离比较远，得1米以上，才能让金属射流断裂，失去大部分威力，所以这种想法的可操作性稍微低了些。这两个想法都是想破坏金属射流的形成，于是有人又想到了第三招，就是破坏金属射流形成的源头——聚能装药战斗部。

图9.2.4　瑞典S坦克的栅栏装甲

大概是在20世纪60年代，瑞典人想出了一个简单办法，用在他们无炮塔的S坦克上：在前面竖插一排铁棍。破甲弹前面的引信如果碰上铁棍，就会引爆，此时距离坦克前装甲还很远，也就实现了上述第二招。要是弹头的引信没碰上铁棍，穿到了缝里呢？因为铁棍的缝隙比破甲弹的直径小，所以破甲弹会卡在中间，撞击之下，聚能装药的锥形罩、炸药柱会变形、缺损，即便再引爆，金属射流也变差了，这就实现了上述第三招。从铁棍粗细和缝隙的比例看，后一种情况出现的概率更高。

这办法很巧妙，但实在太简单、太暴露，因此瑞典人秘而不宣，直到20世纪90年代才公开展示。也不是只有瑞典人想到这办法，据说有些其它国家的装甲兵也曾在坦克炮塔、车体前焊接钢筋，对付反坦克火箭筒这类破甲弹。

后来美国的“斯崔克”装甲车被派往阿富汗、伊拉克后，频频受到火箭筒的攻击，于是他们紧急装上了一个大铁笼子，把装甲车四周全包起来。仔细观察铁笼子，会发现它是由片状铁片组成，而不是圆柱的铁棍。它靠的是上述第三招——用铁片“切”破甲弹，弄坏它的药型罩。如果是老式火箭筒、破甲弹，引信不够敏感，还很可能不引爆，直接拦下它。

图 9.2.5　带防护栅栏的“斯崔克”装甲车

这种防护方法也有了正式名称——栅栏装甲。

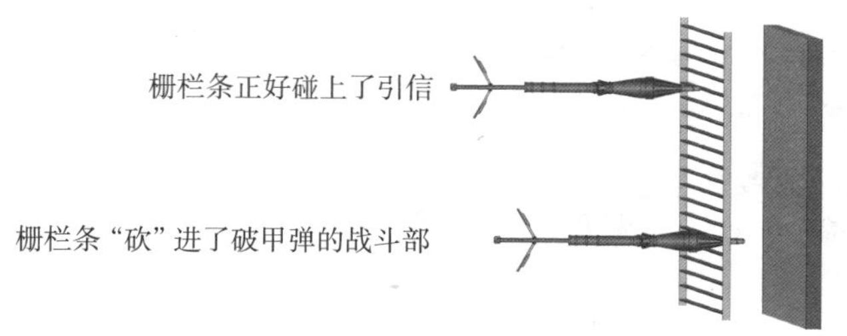

图 9.2.6　栅栏装甲

金属射流形成后，还有办法破坏金属射流吗？有，用炸药。我们看很多现代坦克、装甲车，外面常披着一些金属盒子，

图 9.2.7　披挂很多爆炸反应装甲盒的 T–72 坦克

它们也是对付破甲弹的一种装甲。它们看起来挺厚，有几十甚至上百毫米，其实很轻，因为其外壳是一两毫米的薄钢板，里面基本上是空心，只有一块斜放的“三明治”——两层薄钢板中间夹着一层炸药。这种装甲盒子叫作“爆炸反应装甲”，用来对付破甲弹、反坦克导弹，一千克的防护能力超过几十千克甚至几百千克的装甲钢板。

奥妙就在“三明治”那里。破甲弹的金属射流打中这种装甲盒子后，很容易穿透薄钢板的外壳和“三明治”的上层，引爆夹心中的炸药。炸药爆炸后，就把前后两块钢板高速推开。虽然金属射流已在薄钢板上穿了一对孔，可随着钢板移动，穿孔变成了切割，结果金属射流需要穿透的厚度从两三毫米变成了几百毫米。钢板的高速运动，还相当于在拨打金属射流，让

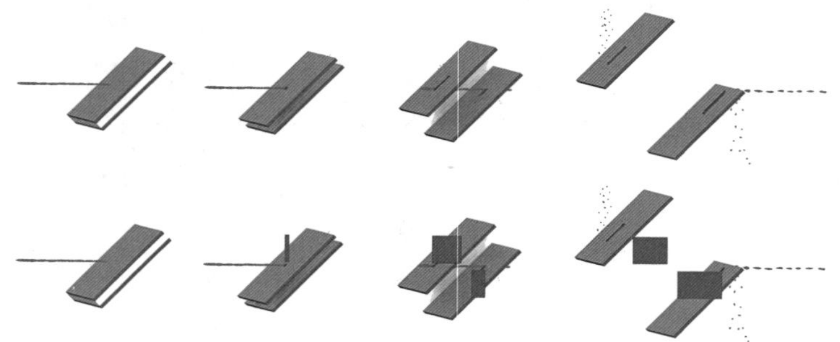
穿孔变成了切割，而且金属射流被高速运动的钢板干扰而飞溅、散乱。

图 9.2.8　爆炸反应装甲的防护原理

它飞溅、散乱。在这种干扰下，金属射流很快就被破坏，等碰到后面的主装甲时，已经没啥威力了。只要设计、安装合理，一块爆炸反应装甲盒能将破甲弹的穿甲威力降低80%~90%。

当然，它也要注意两个问题。第一是角度。“三明治”要是和金属射流垂直，就没有破坏效果了，因此爆炸反应装甲盒一般都是斜放的，里面的“三明治”也是斜放。有的为了对付地面和空中飞来的破甲弹，还呈V形地放上两块“三明治”。第二是只能被破甲弹引爆，不能被乱飞的破片、枪弹引爆，因此，“三明治”夹的都是钝感炸药，普通枪弹、炮弹打上去没用。

爆炸反应装甲刚出现时，还是以附加的形式披挂到坦克上，看着颇为凌乱，而且因为一个盒子被击中一次后就爆炸失效，所以有的坦克在炮塔上披上两三层。后来的一些坦克则在设计之初就考虑了披挂爆炸反应装甲，外形重新恢复整洁。

(a)苏联T-80坦克披挂的爆炸反应装甲看着很杂乱。

(b)中国99式坦克车体前部的爆炸反应装甲已经和车体更好地结合起来，看起来外形更整洁。

图9.2.9　苏联T-80坦克和中国99式坦克的爆炸反应装甲

用爆炸反应装甲对付穿甲弹，效果就要比对付破甲弹差多了，一般只能降低10%～30%的威力，因为长杆的穿甲弹芯不是液态的。不少国家也在研究改进爆炸反应装甲，设计“双反应装甲”，破甲弹、穿甲弹都能防。

以炸药为核心的爆炸反应装甲，笼子样的栅栏装甲，是现代坦克对付破甲弹的法宝。当然破甲弹也没闲着，想了一些办法对付它们。最常用的是串联战斗部——在聚能装药的前面再加一个小型聚能装药，它先炸，引爆爆炸反应装甲，给后面主装药的金属射流开路。对付栅栏装甲，则是加强弹头的结构强度，改进引信。

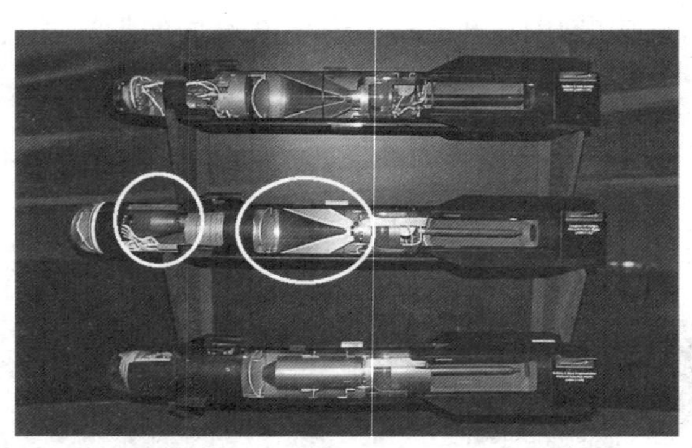

中间的型号在原来的聚能战斗部前面加了个小的聚能战斗部（圈中的两个部分就是聚能战斗部，其中后面的主战斗部是剖开的）。

图 9.2.10　美国 AGM-114“海尔法”导弹系列

结合这两种装甲，我们可以更深入地理解本书前面曾提到的穿甲弹、破甲弹、滑膛炮：破甲弹虽然不像穿甲弹那样需要高膛压火炮，但碰上爆炸反应装甲后威力会大减，因此坦克炮还是得以穿甲弹为主，也就更青睐滑膛炮。

图 9.2.11　现在笼子样的栅栏装甲、盒子样的爆炸反应装甲已经被很多战车特别是轻型车辆用来提高防护能力

9.3　炮弹加电扇，等于制导炮弹

前面的 8.3 节和 9.1 节，分别讲到了种类繁多的制导弹药和其中的末敏弹。制导弹药中的制导炮弹，其实也细分为很多种。比如火箭炮发射的制导炮弹，与迫击炮、榴弹炮发射的相比，加速过载小，设计起来更像导弹。迫击炮、榴弹炮发射的制导炮弹，有的比较像导弹——头部有激光或者红外的导引头，侧面张开控制飞行的弹翼。但是人们研究制导炮弹，很

早先研制的制导炮弹大多像这样有很多弹翼，因为要靠偏转它们来控制炮弹的飞行轨迹。除了后面不带发动机，它们在其它方面很像导弹。

图 9.3.1　早期的制导炮弹

重要的一个目标是：比导弹便宜、便宜再便宜，用普通炮弹改装一下就能成，比如只把头部的普通引信换成一个新的智能引信，就能让炮弹精确制导。

要实现这个目标，设计师们的灵感从何而来呢？日常生活中就有一个，那就是电机。

美军现在装备的一种“聪明”引信 XM1156，最巧妙的技术就来源于电机。

在介绍这种引信的奥妙前，先说说它有多大本事。传统火炮发射的普通炮弹受多种因素干扰，最后落地时都是散落在瞄准点周围。散布的偏离范围，榴弹炮一般为射程的0.1%～0.5%，也就是说打30千米外的目标时，炮弹偏离目标点的距离一般为30～150米。迫击炮的偏离更大，方向偏差0.3%～0.5%，距离偏差0.6%～1%，打5千米外目标，偏差会有15～50米。装上 XM1156引信后，不论打多远，榴弹的偏差都不超过20米，一般3～7米；120毫米迫击炮弹，偏差不超过4米。这都小于它们的爆炸杀伤半径，意味着一发炮弹就能

图 9.3.2　装 XM1156 引信的美国 XM395 迫击炮炮弹的命中精度超过 4 米

消灭目标。

2011年6月，驻伊拉克的美军通过无人机发现两个人在布设路边炸弹，就用这种制导迫击炮弹进行了第一次实战。

这种引信只比普通引信大一点，还没有一个拳头大，但是它能实现完整的制导功能：发射前，给引信输入目标的GPS坐标信息；炮弹发射后，引信上的小天线接收GPS信号，确定自己的坐标、飞行轨迹；计算比较自己的弹道和目标点坐标，看偏差多少，然后调整飞行弹道。随着卫星定位、惯性导航技术的发展，已经能把GPS接收机、惯性制导设备、弹道计算机等做到乒乓球甚至硬币大小，装到小小的引信内。剩下的最困难的部分，就是控制炮弹飞行的机构了。

图9.3.3 现在的一些惯性导航设备已经成功做到硬币大小

图9.3.4 XM1156弹道修正引信像普通引信那样直接装在炮弹头部

要想控制一个飞行物的轨迹，最容易想到的就是像一般的飞机、导弹那样，采用两对弹翼、空气舵，能够偏转，一对控制左右，一对控制俯仰。看看XM1156引信，头上确实有4个小翼片，但仔细看看，会发现这些小翼片的根部没有转轴，而是和外壳死死“焊”在一起。不能偏转，那怎么控制飞行？

再仔细看看4个小翼片的角度，会发现一个区别：有一对的偏转方向是反的，炮弹飞行时，气流一吹，它们会产生一个逆时针旋转的扭力（从炮弹尾部向前看），我们姑且把它俩叫作“旋转翼片”；另一对的偏转方向相同，气流吹动它们后会产生一个侧向力，姑且把它们叫作“偏转翼片”。

右边是从正前方看它，4片小翼有些区别：竖的是“旋转翼片”，横的是“偏转翼片”。

图9.3.5　XM1156引信的外形图

这4个小翼片连着的外壳，和里面的结构是分开的，可以转动。内外两层里都有线圈，结构类似一个小型的“发电机”。炮弹飞行时，空气吹动旋转翼片，相当于发电机的外壳旋转，内层机芯里就会产生电流。电流经过一套电路，而电路里有一个可调电阻，改变它，就相当于改变了发电机的阻力，于是外壳的旋转速度得到控制。普通的榴弹发射后都有一个顺时针方向的自旋，迫击炮弹也会通过尾翼获得一个自旋，因此把

“发电机”外壳的旋转速度控制到某个特定值后，它就相当于没有旋转了。同时，只要把偏转翼片稳定在需要的方向，就能产生需要的侧向力，调整炮弹飞行轨迹的上下左右。

这样一套控制系统，结构、原理非常简单，就跟日常生活中电风扇的电机一样。电风扇通过改变电阻大小来调节旋转速度、风力，这里也是通过调节电阻来控制旋转速度，只不过前者耗电，后者发电。

9.4 子母弹，笨蛋多了也聪明

巧妙的机构能完成复杂动作，形成“聪明”的兵器，但有时候简单的结构完成简单动作，数量多了也能显得非常“聪明”。有一种弹药就曾被误认为是导弹、“魔鬼”，解开奥秘后却发现简单至极。

越南战争中，美军攻击北方的主要武器是作战飞机、空地弹药，重点是轰炸铁路、公路和桥梁，意图切断对南方游击队的支援。当时我国也曾大力援助越南，派铁道兵、高炮部队进入越南，帮助他们抗击美军轰炸。越南和中国的地面部队都构筑了很多战壕、掩体，对抗空中轰炸。

有段时间，地面部队突然向上级报告：美军投掷了一种“魔鬼”炸弹，个头只有乒乓球大小，却能一直跟着人跑，追着人炸；就算你跑进战壕、掩体，它也会跟进来。以当时的技术，把制导弹药做得比拳头还小，显然不可能。好在后来捡到一些哑弹，交给兵器专家们研究后，才发现了其中的奥妙。

它们实际上是美军用在子母弹里的一种小炸弹，型号为BLU-26/B，俗称“钢珠弹”。“钢珠弹”直径71毫米，重量只有434克，比现在的一瓶矿泉水略轻。结构上也很简单：两个半球形的钢质外壳，里面是炸药，还有一个简单的引信，总体上看甚至不如一枚卵形手榴弹复杂。可它怎么会追着人炸，显得那么“聪明”呢？

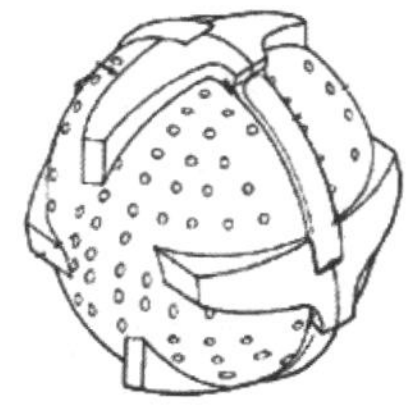
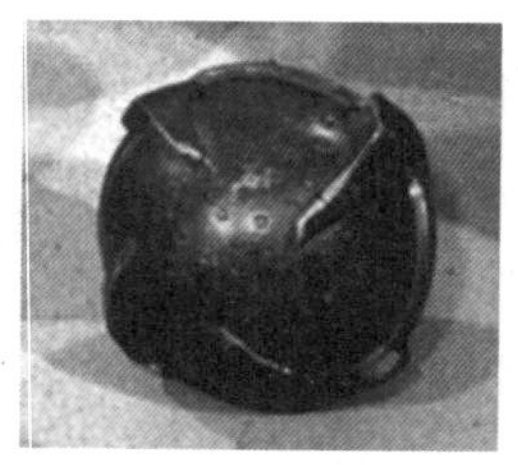

图9.4.1 BLU-26/B 子弹药

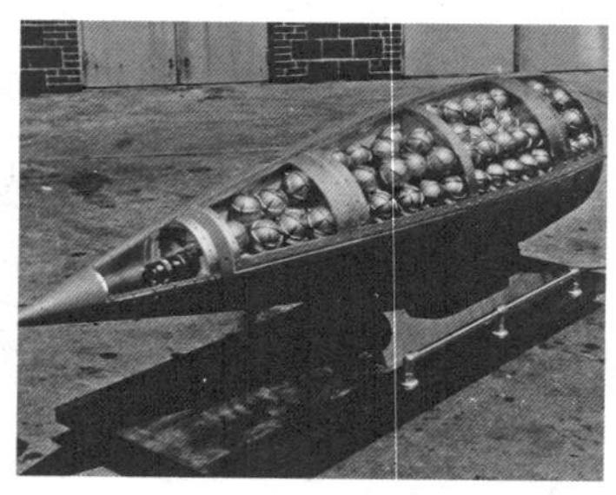

图9.4.2 这种乒乓球大小的子弹药在导弹头、炸弹里能装几百个

奥妙在外壳和引信上，而且也没采用什么高科技。

钢珠弹的外壳并非光溜溜的，而是有几条凸起，还遍布麻点。从空中落下时，空气吹动这个不光溜的表面，会让它旋转起来，最后能达到每秒转40多圈。落到地面后，它凹凸不平的表面又变成了“轮子”，让它借着惯性滚动，速度能达到每秒10米左右，和低速汽车差不多。这就是它能“跑”的奥妙。

至于跟着人跑，则是因为数量多。一个标准的子母弹里，会装640颗或670颗钢珠弹，撒落到地面后，四面八方都有滚去的，这会让一些人误以为这小东西是专门冲自己滚过来的。

跟着人跑到洞里才炸，则是因为引信。引信也不复杂，只是跟旋转有些关系：小炸弹的转速达到一定数值后，离心力使一个小卡销甩开，解除保险；转速再降到一定数值后，离心力减小，松开另一个卡销，击针摆脱束缚，撞击火帽引爆。因此这种小炸弹落地后不会马上爆炸，而是滚着跑，碰到障碍停止滚动后才会爆炸。有一些炸弹落到壕沟里、掩体口后，还在继续滚动，看起来就像是追到洞里炸了。

这种小炸弹的威力也不大，碰上脚以后只会炸伤腿脚。可当时美军飞机投掷的最小的普通炸弹是227千克，换成同样重量的子母弹，能装600多颗钢珠弹，战斗机一次投弹足以投下几千颗，覆盖几十个足球场的面积。美军飞机当时常用这种炸弹对付人员较多的掩蔽所、高炮阵地。这么多小球在地面滚来滚去，看着像四处“追杀”人员，一度造成很大的伤害和恐慌。

但知道它的奥妙后，对付起来就比较容易了。人们此后在战壕里经常设置一些急转弯，让钢珠弹尽早停下；或在底部挖一些横竖的小深沟，让钢珠弹滚到里面去。在掩体口则横摆上一条枕木当作门槛，钢珠弹“追”到这里后就被引爆，不再进洞了。高炮部队的办法则更巧妙——打伞。他们在重要设备的上方支起一个伞状物，周围挖一圈沟。钢珠弹落到“伞”面后，就会像雨滴那样滚进沟内，最后在沟里爆炸。因为钢珠弹尺寸小、炸药少，在沟里爆炸也就没任何危害了。

这种“聪明”的炸弹，某种程度上像蚂蚁。虽然每只蚂蚁都不聪明，但成千上万只蚂蚁组成蚁群后，数量就转变为“智”量，给人以“聪明”的感觉。

另外，当时美军为了阻止越南北方抢修道路、桥梁，在轰炸时还会投下定时炸弹。为了增加排除难度，炸弹引信常被要求随机性地延时，没准等多长时间才引爆。大炸弹的引信好说，可以在生产时或使用前设定延迟时间。子母弹的小炸弹呢？一投就是成千上万颗，总不能一颗颗来设。而且引信要很小，不能增加复杂的定时机构。于是美军设计了一种靠发条转动击发的简单引信，生产过程中往转轴上刷一下胶水。胶水有多有少，阻力会因此不同，转完的时间就有长有短。而且这个长短完全是随机的，连生产者都只晓得一个大致范围，没法控制每个引信的延迟时间。就这样，用简单的刷子和胶水，一下就能造出千万颗神鬼莫测的定时炸弹。

9.5　电子干扰，欺骗和灯下黑

在空战中，飞机要想不让敌方雷达、导弹跟踪自己，会按照它们的频率发射雷达波、红外线，这难道是像闪光弹一样晃敌人的眼睛？不是，发射的雷达波、红外线还没那么强，损坏不了敌方雷达、红外导引头。那岂不是让自己更加暴露？要解释原因，先得讲讲雷达、红外导引头的工作方式。

雷达在跟踪空中目标时，并非像我们人眼那样，左看一眼右看一眼，确定目标在哪边。雷达发射出的无线电波不像人眼接收的可见光那样窄，通常会有一个宽度，比如 1 度宽的雷达波，照到 5 千米外就有 87 米宽，远大于一架飞机了。要减小雷达波宽度也不容易，需要更大尺寸的天线，还有信号处理问题等等。因此，跟踪雷达不会用那种左右上下分别发射雷达波的方式来瞄准目标，早期最常见的一种跟踪方法是让雷达波绕着一根中心轴旋转。具体做法是：

（1）雷达波不是指向天线中心轴线，而是有一个小小的偏角。通过一个小电机快速旋转天线里的馈源，波束就会旋转。这样，天线中心轴方向的辐射强度较低，周围有一圈反倒是最高的。

（2）如果目标在天线中心轴上，雷达收到的回波强度将保持不变。

（3）如果目标在中心轴的上方，那么当波束旋转到上方时，照向目标的辐射强度将最大，反射的回波也最强；转到下方时则相反，回波强度最低。

（4）检测回波高低差别最大的方向，就能知道目标在中心轴的哪边。

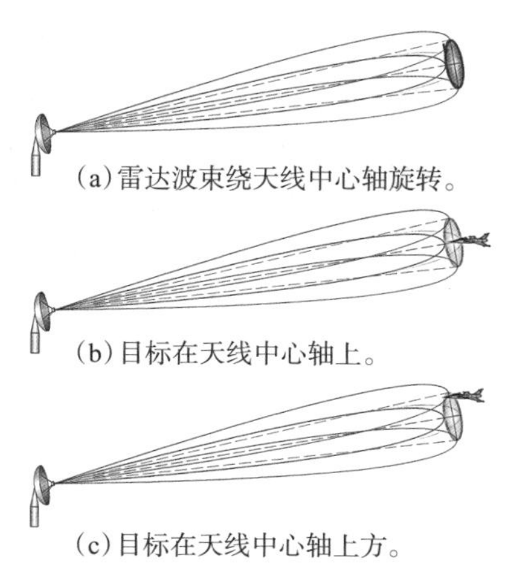

（a）雷达波束绕天线中心轴旋转。

（b）目标在天线中心轴上。

（c）目标在天线中心轴上方。

图 9.5.1　雷达波旋转跟踪示意图

这种旋转扫描的方法长期被很多跟踪雷达所采用，因为它原理、结构简单，跟踪目标的精度高，而且反应速度快。每转一圈，就相当于测量一次目标的偏离角度，只要在雷达馈源上做些简单设计，旋转速度能达到每秒钟几十圈，相当于雷达每秒钟能测量、校准几十次，从而把中心轴牢牢对准目标。

电子干扰就是针对了这种特性。首先是通过电子侦察，掌握敌方跟踪雷达的一些技术特性，除了频率等，就是那个旋转速度。作战时，飞机上的电子干扰机按照敌方雷达的工作频率发射无线电波，而且这个电波的辐射强度和对方的旋转速度一样变化，忽强忽弱。具体做法是：

(1)假设飞机在雷达波中心轴的上方。当雷达波束旋转到上方时，飞机的干扰机以零功率发射电波，此时雷达只会收到目标反射回的电波。随着雷达波束旋转，干扰机逐渐加大电波发射功率，频率等特性和雷达波都一样。

(2)当雷达波束旋转到下方时，飞机反射的回波很弱甚至没有，但干扰机发射的电波功率很强，超过了先前反射的回波功率，雷达收到的回波反倒变强了。

(3)雷达根据收到的电波强度，得出的结果是上弱下强，于是它

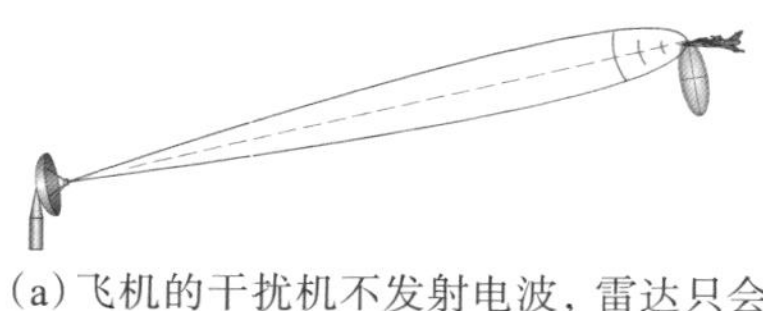
(a)飞机的干扰机不发射电波，雷达只会收到飞机反射回的电波。

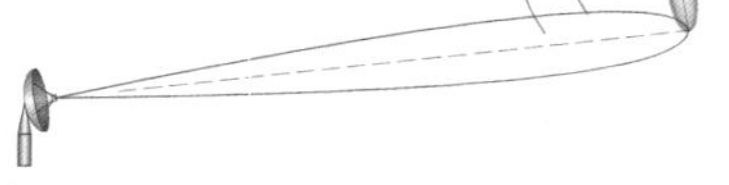
(b)飞机的干扰机发射强的电波，雷达收到强的回波。

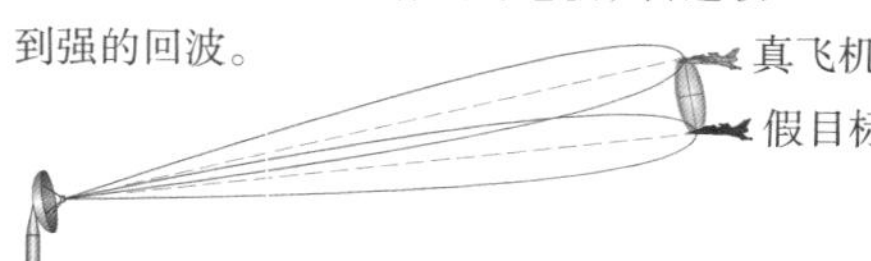

(c)雷达误以为飞机在下方。

图 9.5.2　雷达干扰示意图

误以为目标在下方，天线向下偏转。

这种电子干扰在专业上叫作“角度欺骗干扰”，是让雷达在角度判断上出现错误。还有“距离欺骗干扰”，是在自己被雷达波照射后，干扰机提前或延迟一点时间发射出一个更强的电波，压过自己的反射波，这样雷达在计算距离时会出现错误。

所以，主动发射雷达波，只要发射的方式有针对性，就能让敌方雷达看不准。

红外制导的空空导弹，特别是早期的便携式防空导弹，也采用类似跟踪雷达的旋转扫描方式，以降低红外探测器的尺寸和成本。人们把一个圆盘分成几个扇形区域，其中一部分装上

图 9.5.3　美国武装直升机经常配备的这种外号叫“迪斯科闪光”的 AN/ALQ-144 干扰器对付早期红外制导防空导弹很有效

红外探测元件，这个圆盘旋转后，只要目标的红外辐射不落在中心处，就会在红外探测器上产生强度变化的电信号。

为了对付这种早期的防空导弹，人们造出了一种外号叫“迪斯科闪光”的干扰器，外形也很像舞厅里闪耀的灯。它能按一定频率发射强烈的红外激光，照到防空导弹后，让其圆盘得到的红外信号强度发生错乱。比如导弹此时以为目标在左，下一圈却“看”到目标在上，再下一圈又跑到右边了，结果导引头发给舵机的信号出现紊乱，导弹在空中“发疯”似地乱转。

闪光灯虽然晃眼，但还是会让你看出灯的方向，而这个对付防空导弹的闪光灯却是让自己变成了“灯下黑”，让防空导弹完全看不到自己在哪里。

9.6　相控阵天线，人多力量大

相控阵雷达是现代兵器、电子设备里的高技术代表之一，有了它，才有后来名声大噪的“爱国者”导弹等反导系统。美国“宙斯盾”舰、中国“神盾”舰，还有很多西方国家所谓的“小宙斯盾”舰，为海军舰队特别是航母编队撑起了生死攸关

图 9.6.1　美国“宙斯盾”驱逐舰和“宙斯盾”巡洋舰

图 9.6.2　我国常被称为“中华神盾”的新型驱逐舰

的防空保护伞，它们的核心技术之一就是探测速度快、跟踪目标多的相控阵雷达。而相控阵雷达具备这些优点的技术奥秘，说白了就是“人多力量大”。

过去的传统雷达，有两个原因限制了它的观察速度。

一是探测方向。雷达要看到目标，就得把天线转过去对准方向。火控雷达的任务是跟踪、照射目标，因此把天线对准目标就差不多了，但这样，一部火控雷达只能同时对付一个目标。而对于搜索雷达，要全方位警戒，就得把天线转一圈才能完成一次搜索。这只是平面的，能测出目标方位、距离，要想看到目标高度，那还得上下看看。天线同时旋转、俯仰，机械结构太复杂，因此有的雷达天线同时产生几个不同频率的波束，对着不同仰角，这样能同时得到目标的仰角。这种雷达叫作三坐标雷达。雷达搜索目标时，转一圈需要花费时间，所以雷达天线的旋转平台也是高技术产品，既要保持稳定、精确，还得拧着天线尽快转，但要提高扫描一圈的速度，也不是想快就能快的。

这就是另一个限制——探测距离。雷达天线对准一个方向后发出雷达波，等着回波，看有没有目标；再转到下一方向，发射、等回波。可雷达波跑到目标那里再回来也是要花时间的，要是转得太快，目标反射的雷达波还没回来也不行，除非你看得特别“粗”（角度分辨率的要求降低）。因此，近程搜索雷达一分钟能转十几圈甚至二三十圈，而远程搜索雷达只能转五六圈，这意味着它发现某个方向有目标后，得过十几秒后才能再看它一眼。而测定目标飞行的方向、速度，至少需要看两

眼。如果是敌机、导弹突袭，10秒钟足够飞3千米了，碰上超音速导弹，更能飞五六千米。

因此传统雷达对付空中目标时有力不从心的感觉。搜索雷达要想看得快，就没法看细、看远；看出目标的威胁程度后，确定是否跟踪、攻击它得花十几秒，至少也得花几秒才能转入跟踪。跟踪目标、引导导弹的火控雷达一次只能对付一个目标。结果一大套防空系统，往往是一部搜索雷达带五六部火控雷达，却只能同时对付五六个目标，跟踪几十个目标（还不是紧盯跟踪）。

这要是碰上几个甚至十几个目标从同一方向飞来，进行“饱和攻击”，防空系统根本没法应付，所以在20世纪七八十年代，反舰导弹饱和攻击成为舰艇特别是航母的最大威胁。美国因此最先研制出以相控阵雷达为核心的舰空导弹系统。

相控阵雷达的天线和传统雷达差别很大，看着像一块大平板。有不少传统雷达也是平板天线，但内部原理可不同，后者的平板有缝隙或者管子等各种结构，本质上还是一片天线，靠后面一个发射机送来电流，然后产生一个窄窄的电波射出去。而相控阵雷达的平板天线里却有几百甚至上千个小天线，每个天线产生的电波根本不窄，往四面八方都发散，或者往前半球发散出去。说白了就是一个个小电台天线，但众多小天线发射的电波组合在一起，就能形成一些特殊的效果。

简单地说，把众多的小天线排列为整齐的“阵列”，就能因为小天线发射的电波之间的干涉而形成一个很窄的雷达波束，其分辨率很高；改变阵列里各个小天线之间的“相位差”，就能“控制”这个波束。这就是“相控阵”的含义。改变相位差，只要在电路里发个指令就行，几微秒就能完成，因此相控阵雷达的波束几乎是想指哪就指哪，带来的好处非常巨大。

先说搜索，相控阵雷达几乎是随意看。比如发现一个目标后，只要认为需要，它可以先不管其它方向，立刻对该目标再次发射雷达波测量其距离，形成高低扫描波束精确测量其仰角、高度也没问题。探测完了，可以再接着去搜索其它方位，也能继续探测这个目标，进行跟踪。美国“宙斯盾”舰上的相控阵雷达从搜索转为跟踪只需要 50 微秒，而传统搜索雷达得等天线转一圈回来，至少几秒钟后才能获得部分目标数据。就算 50 微秒对 1 秒，速度也快了 20 000 倍！

因此，相控阵雷达基本上都有边搜索边跟踪的能力，因为它能交替发射搜索、跟踪波束，而且针对不同的目标能区别对待。

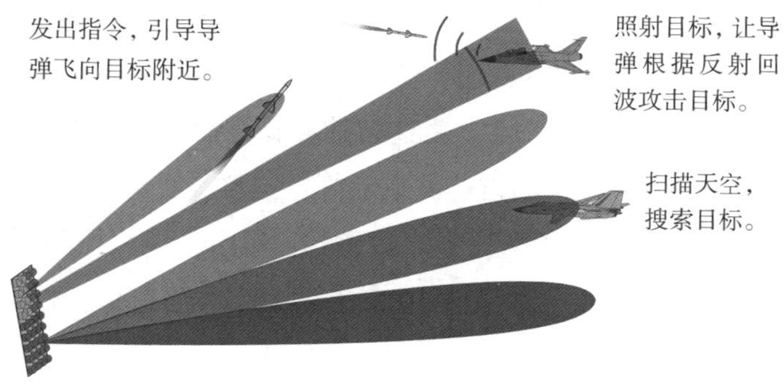

相控阵雷达把小天线分成三组，各自形成一个波束，同时进行三项工作，这相当于把一个天线分成了三个天线。

图 9.6.3　相控阵雷达同时进行三项工作

顺带说一下：那些小天线一般被称为“辐射单元”。先进的相控阵雷达，每个辐射单元里不仅有天线，还组合了发射机、接收机，只要从后面主机那里接收指令、电流，就能完成电波信号的产生、接收、滤波，非常灵活。因为每个辐射单元都有自己的电波辐射源，因此被称为“有源相控阵雷达”。还有一类相控阵雷达，电波由专门一个或几个发射机产生，再送到各个辐射单元里，辐射单元只管根据指令改变它们的相位，这被称作“无源相控阵雷达”，性能要比“有源相控阵雷达”差一些。另外一类，辐射单元是按固定规律改变相位，形成的雷达波束相对固定，有的人把它们也称为“无源相控阵雷达”，其实更合适的称呼是“相位扫描雷达”，其性能更接近机械扫描雷达，而不算是相控阵雷达了。

相控阵雷达就没有缺点吗？当然有。第一个，在偏离正前方 60° 以上，辐射单元阵列产生的雷达波束质量会显著下降，因此一个相控阵天线一般只负责前方 90° 的范围，最多 120°。这也是美国“宙斯盾”、中国“神盾”驱逐舰上在舰桥周围布置 4 块天线的原因。第二个，雷达波的波长不能大。辐射单元间隔半个波长时，产生的雷达波束最好。这样，擅长数百千米超远程搜索的长波段雷达比如米波雷达，就用不了相控阵天线，因为波长 1 米，那一个只有 10 × 10 即 100 个辐射单元的天线就得 5 米长宽，不划算了。

不过和它的优点比起来，这两个缺点的影响就很小了。超远程搜索，干不了咱就不干，反正搜索几百千米外的敌机没那么迫切，交给传统天线的雷达好了。只能看前方 90° 范围，那也很好办。一是像军舰上那样，安4块天线。不需要旋转天线的平台底座，光这就能省下不少重量。而且天线不转动，就少受重量限制，功率、可靠性等各方面都能更强。也有些国家把军舰上的相控阵雷达天线做成旋转的，顶到桅杆上，加强探测低空目标的能力。

(a) 德国“萨克森”级护卫舰主桅杆顶上前后左右共4个圆形的相控阵天线，是APAR相控阵雷达的，它工作在X波段，探测距离稍近，但分辨率高，天线尺寸小，因此用4块固定天线负责整个360°；后桅杆上的黑色雷达则是SMART–L相控阵雷达，其工作波段较低，探测距离较远，但天线较大，它只有一个天线，通过旋转实现360°探测。

(b) 英国“地平线”级驱逐舰的后桅杆上也有旋转的SMART–L相控阵雷达。

图9.6.4　欧洲军舰的旋转相控阵雷达

而在陆地上，解决办法就更多。美国的防空压力小，“爱国者”导弹系统只要管好一定方向就行，不用管自己身后，因此只配了一部相控阵雷达。在这 90° 内，它足以兼任搜索、火控雷达，同时跟踪数十个目标，并向导弹发送指令，导弹命中率很高。俄罗斯防空压力大，防空系统就配备几部相控阵雷达，根据需要对准不同方向。

可见，和其超级快速的反应能力、灵活性相比，相控阵雷达的缺点几乎微不足道，而且相控阵雷达还有一些其它优点。比如因为故障或者敌人的攻击损坏了一部分辐射单元后，它还能坚持工作。大多数相控阵雷达，辐射单元损坏百分之二三十也能正常工作，损坏一半只是作用距离、精度等下降。它还能代替一些电子战系统，兼任电子侦察、干扰任务。让辐射单元们分别以不同频率发射雷达波，同时产生几个波段的波束，能提高自己的抗干扰能力。雷达功率是众多辐射单元的功率之和，即便每个辐射单元功率不大，只要数量增加，就能提高雷达功率，这比在传统雷达天线上弄一个大功率发射机更加方

图 9.6.5　美国空军正在给 F-15 战斗机换装新的相控阵雷达以代替原来那种机械扫描的火控雷达

便。相控阵雷达还能灵活控制总体的辐射功率，减少被敌方电子战系统、预警系统发现的概率，实现隐蔽探测。

相控阵雷达具备如此优异性能的原因，归根结底是因为它的雷达波是众多辐射单元合成的。每个辐射单元看起来不聪明，也就相当于一个小电台，但它们合到一起形成了高功率、高灵敏的雷达波，不愧是“人多力量大”。当然这还有一个前提，就是得团结，这么多辐射单元都要严格按照雷达主机发出的口令行动，产生的雷达波才能异常灵活，敏捷程度比传统雷达快了成千上万倍。

在兵器设计乃至作战指挥中，组织协同都是一项法宝，可以把简单的设备组合成高精尖兵器，把单兵、小炮组织成强大的军队。

十、偶然成兵器

兵器的发明之路，有的充满艰难的选择、反复的权衡，有的来自于奇思妙想，有的则需要扎实稳健。不过它们大多在发明之初都有着比较明确的目标——造出一种好武器，然后是细致艰苦的研制过程。但有些兵器则是偶然出现的，而且它们往往还开启了一个新的兵器门类，让科技进入了一个新时代。

10.1　炸药和雷达，偶然的发明

最为人们熟知的偶然之中产生的兵器，当属炸药。这里说的不是中国古老的黑火药（虽然它也是炼丹师们在追求长生不老的试验中偶然发现的），而是诺贝尔发明的炸药。

如今人们一说起现代炸药，首先想到的发明家肯定是诺贝尔。其实，意大利化学家索布列罗在1846年制出的硝化甘油才是第一种现代炸药。梯恩梯，我们现在最常听说的炸药，被用来衡量原子弹的爆炸当量，是

图 10.1.1　诺贝尔奖的奖章

1863年德国化学家威尔布兰德合成出来的。可他俩为什么都不像诺贝尔那么著名？也许是因为“诺贝尔奖”很有名。诺贝尔有钱设立这样一个著名奖项，是因为他发明的炸药虽然比前两位的晚，但更实用，因此得以大卖特卖。这种炸药叫“代那买特”，是诺贝尔历经千辛万苦、冒着生命危险，最后在偶然之中研究成功的。

先说说前两位的发明为啥没赚到钱。硝化甘油是一种液体炸药，引爆后的反应速度（爆速）、产生的能量（爆热），都比后来最常用的军用炸药梯恩梯、黑索金更高，但它太敏感了，稍微受到点撞击、摩擦、振动、加热，都有可能爆炸，这让当时的人们不敢用它。而梯恩梯最初是威尔布兰德在实验室里合成出来的，大规模、工业化的合成方法到1891年才出现。

因此在1866年以前，人们虽然看得到现代炸药，手头上却没有合用的。当时正值工业革命，采矿、修路的工作都很繁重，人们希望有合适的炸药来帮助开山破土。古老的黑火药制造麻烦，能量不高；刚发明的硝化棉（火棉）当发射药合适，做炸药则能量不足。诺贝尔正是看到了这一点，才在1859年开始潜心研究如何让硝化甘油变安全。其中的艰辛和危险难以细说，他的弟弟就是在试验事故中被炸死的。后来他只得租了一条驳船，在湖上进行危险的试验，继续尝试。

最后的成功，来源于一次偶然的失误。

从工厂买来的硝化甘油要运到驳船上，他们把装硝化甘油的铁盒子装在木箱内，并在箱内填塞很多硅藻土，以防铁盒晃动。有一天，一个铁盒破了，流出的硝化甘油渗入了下面的硅

藻土。诺贝尔发现后，萌生了把它炸一下试试的想法。他很快配好了渗入了硝化甘油的硅藻土，引爆试验居然很成功。随后他立刻进行其它安全性方面的试验，发现这种混合物不再那么敏感。再经过一系列试验，诺贝尔找到了两者的一些合理配方，并掌握了它们的不同特性。

第二年，诺贝尔把这种命名为“代那买特”的炸药在英国、美国申请了专利，“dynamite”也直接成了英文中的“炸药”一词。诺贝尔还发明了铜壳雷汞雷管，利用导火索的火焰激发雷汞，再由它引爆硝化甘油，这让炸药的使用更加安全。代那买特不仅威力大，而且不怕水，很适合岩石爆破、矿井开采这些工业用途，诺贝尔的专利收入自然也是非常丰厚。几年后，他又成功地用硝化棉和硝化甘油造出胶状的代那买特。从此，代那买特取代黑火药，成为重要的工业炸药，直到90年后才被新式炸药逐渐代替。

当时诺贝尔研究这种安全实用的炸药，既没有技术理论提供依据，也没有类似的经验可供参考，完全是靠千辛万苦的试验。他当时尝试过对硝化甘油进行一些化学处理，也试过用多种材料与硝化甘油混合，但世间材料成千上万，等他主动试验到硅藻土这样一种和炸药、化学药品毫无关系的“杂质”，恐怕会遥遥无期。因此诺贝尔的成功，代那买特的问世，完全是靠一次偶然事故解决了关键的技术难题。

而另外一些兵器，甭说结构，连基本原理都是在偶然之中被发现的。我们前面提到过聚能破甲弹，它采用的“门罗效应”就是美国人门罗对炸药进行各种试验时偶然发现的。另一种现在很重要的兵器——雷达，它的基本原理也算是偶然发现的。

我们现在都知道，雷达的工作原理是：向一个方向发射一束电波，这个电波碰到物体特别是金属物体后会被反射；收到反射的回波，就能知道那个方向有东西；计算电波来回的时间差，就能知道那个东西的距离。这里的核心原理是无线电波能像光线那样被物体反射，而这种物理现象在德国科学家赫兹在1887年研究电磁波时，已经在理论上有所涉及，但他不是工程师，没想到利用这种反射来进行探测，更何况最基本的无线电设备——电台是到了1895年才由俄国人波波夫、意大利人马可尼分别发明的。

1897年的一天，继续完善无线电台的马可尼正在两艘军舰上进行试验，军方对这种不需要敷设电线就能凭空传递信号的电报设备，当然是非常感兴趣。试验基本上是成功的，两艘军舰可以毫无障碍地迅速交流信息。但在试验中，马可尼几次碰到无线电信号突然中断的现象，很快又恢复正常，他以为

图10.1.2　马可尼试验电台通信时偶然发现舰船会阻挡无线电波

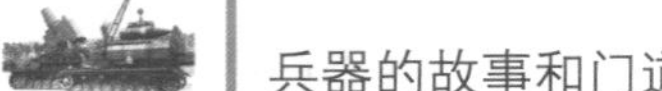

是设备故障，可一直查不出来。后来再一次信号中断时，他走出舱室观察军舰外的情况，发现有一艘轮船正通过两艘军舰之间。轮船离开后，两艘军舰的无线电通信又恢复正常了。

就这样，马可尼偶然之中观测到无线电波能被阻挡的现象。他也许当时就有了用无线电波探测海上目标的想法，但并没有付诸实践，因为很多技术还不成熟。直到1922年，无线电设备已经足够先进，马可尼才发表了一篇论文，提出一种防止船只相撞的无线电设备。这可以看作雷达的初步设想，是马可尼在偶然发现的基础上结合理论研究提出的新设备。随即有不少科学家对这个思路进行了发展，并根据短波无线电信号容易被反射的特点，提出在军舰上安装短波发射机和接收机，这样就能搜索敌舰。

从1925年开始，科学家们陆续研制出一些原始的雷达，

二战初期英国就建起了比较完善的“本土链”雷达网，它由固定雷达、机动雷达组成，后来还增加了低空探测雷达（右图）。

图 10.1.3　英国“本土链”雷达网的雷达

最初它们还只是科学研究用的，能力上并不全面。比如向天空发射电波并收到回波，证实了电离层的存在，并测量出其大概高度。此时雷达的电波方向性比较宽，还不能探测轮船、飞机这样的小目标，但不管怎么说，它在战场上的应用前景已经很令人期待。1931 年，美国海军正式开始研制雷达。1935 年，英国人研制出第一种实用的雷达，第二年开始在本土东南的沿海地区部署对空探测雷达，组成名为“本土链”的雷达网。在二战的不列颠空战中，这个雷达网发挥了关键作用。

此后雷达迅速成为战场上最重要的眼睛，从第二次世界大战到冷战时期，各国陆海空三军都靠它发现中远距离目标。在红外热像仪等光电设备大规模应用之前，雷达几乎是唯一的“电子眼”。

10.2 密码破译方法，来源于神学家的工作

和上一节的炸药和雷达相比，还有一些兵器的发明更加偶然。炸药有明确的目标——要发明一种合用的炸药，偶然得到的是技术方法；雷达则是偶然得到了原理，随后人们开始研究实现方法、战场用途。而有些兵器，从原理到技术途径，人们都是无意中偶然发现的，甚至一开始压根没想到它们会成为兵器，比如无形的密码破译方法。

说到密码，很多人可能会想到电子战，其实电子战也是在战场上偶然发生的，随即给将军们开辟了一个新的战场。

1904 年日俄战争期间，日本舰队多次猛攻旅顺港，意图把

俄国舰队封锁在港内。3月8日这天，他们派出一艘小型舰艇靠近港口，准备引导己方舰队炮击港内的俄国军舰。此时无线电通信刚进入实用化，双方使用的都还是最初级的无线电台，像有线电报那样按下按键，就会在某个频率上发出断断续续的电波。日舰就位后，后方舰队正通过无线电台接收嘀嗒嘀嗒的电码，突然电波变得杂乱，出现很多不合“规矩”的嘀嗒信号，收下的电码没法翻译出正常的意思。日本舰队的前后联络被干扰、中断。

这些杂乱信号是一名俄国电报员发出的。当时他在这个频率突然收到一个强烈的无线电信号，虽然不明白电码的含义，但他判断这是附近有日本电报员在发报。他立刻打开自己的发报开关，随手乱敲按键。他的“胡言乱语”和日本电报员的“报告”一起随着电波飞到日本舰队，二者混杂在一起，日军收报员也就无法译出正确意思。

俄国电报员的这一次干扰之举，使1904年成为电子战的“元年”。他这样“乱吵吵”干扰敌方电台的方法，后来逐渐发展成有源

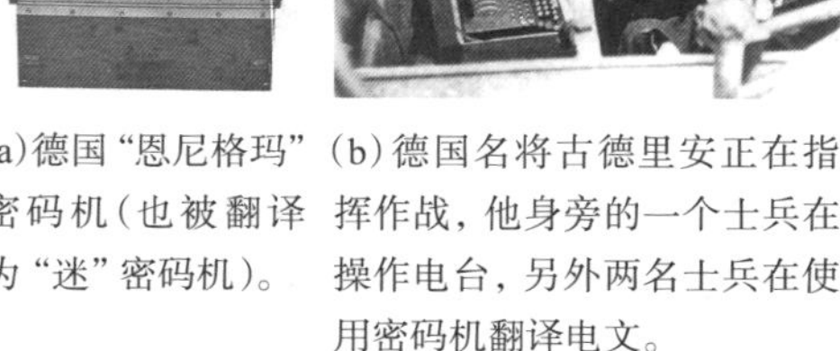

(a)德国“恩尼格玛”密码机(也被翻译为“迷”密码机)。 (b)德国名将古德里安正在指挥作战，他身旁的一个士兵在操作电台，另外两名士兵在使用密码机翻译电文。

图 10.2.1　二战时德国的密码机及其使用情境

电子干扰、压制干扰、欺骗干扰。

二战时，使用便捷、保密性强的“恩尼格玛”密码机，加上电台和指挥车，是德军实现闪击战的关键技术保障。

二战中英国的“超级机密”——布雷奇利庄园被誉为经典的密码传奇，这不仅因为密码破译对二战欧洲战场起了决定性作用，还因为最早的电子计算机在那里诞生。

(a)英国布雷奇利庄园。

(b)英国布雷奇利庄园的情报人员正在分析、破译敌方电报。

(c)二战中为了破译密码而制造的“巨人”计算机。此前波兰人为了对付“恩尼格玛”密码机，发明了名为“炸弹”的机电式自动计算机器。正是密码战，催生了电子计算机。

图 10.2.2　二战中英国的密码传奇——布雷奇利庄园

英国人在布雷奇利庄园的成功，是因为把数学充分用到了密码领域。但最早把数学用到密码上，而且把密码从一门古老

的“艺术”转变为“技术”的是阿拉伯人，时间在公元6世纪。

当时密码技术已经在此前恺撒密码的基础上，出现了一种比较难以破译的字母替换密码。以英文为例，加密者可以把26个字母换成其它字母。为了方便记忆，加密者还可以采用“关键词”的样式，比如下面这句话（为了方便，笔者用拼音代替）：

bingqifamingdedaoluduozhongduoyang（兵器发明的道路多种多样）

把其中重复的字母去掉，就成了：

bingqfamdeoluzhy

再把26个英文字母中剩下的字母按顺序跟在后面：

bingqfamdeoluzhycjkprstvwx

这就形成了一个替换密码表：

abcdefghijklmnopqrstuvwxyz

bingqfamdeoluzhycjkprstvwx

明文里的字母，用下面一行中对应的字母替换，就成了密文。比如“bingqifaming”，会变成“idzacdfbudza”。替换26个字母的那行字母串，被称为“密钥”。

这个密钥有多少种可能性呢？26个字母排列组合，答案是：26的阶乘，也就是26×25×24……×2×1，结果是403 291 461 126 605 635 584 000 000，一个27位数！密钥的可能性高达403亿亿亿，没有计算机，这种密码看起来根本就不可能破译。因此从公元4世纪到公元6世纪，破译者们对这种密码束手无策，只能默默地向神祈祷。

公元6世纪，穆罕默德创立了伊斯兰教。随后，伊斯兰文明逐渐繁荣昌盛，阿拉伯人努力学习各种知识。生活的富裕，中国造纸术的传入，以及强烈的宗教信仰，让阿拉伯的神学家们想起来校对《古兰经》中的穆罕默德启示录，也就是"穆罕默德语录"。他们一心想建立一个"语录"年鉴，于是统计启示录中各个单词出现的频率。由于各个单词在历史上产生的时间有早有晚，因此通过这种统计可以看出启示录出现的大致时间和顺序。

结果这些神学家不光统计单词，还统计字母组合、单个字母。超额工作的结果是发现了一些有关阿拉伯语的规律：字母A和L出现得最多，J却很少，而且各字母出现的频率都有一个比较固定的数值。字母组合、单词，也有这样的规律。

公元9世纪，阿尔·金写了一篇《关于破译加密信息的手稿》，把神学家们这项缘于宗教狂热而完成的语言学工作，正式变成了隐秘战线的一种利器——密码统计分析法。

阿尔·金提出的破译方法是：找一篇和密文同种语言的文章，统计每个字母出现的频率，然后把频率最高的字母标为1号，频率第二高的标为2号，依次类推；统计密文中每个字母的出现频率，然后把频率最高的字母换成前面的1号字母，频率第二高的换成2号，依次类推；最后就能替换出明文，找到密钥。

英语中，字母e出现得最多，大约占12.7%；其次是t，9.1%左右；第三是a，8.2%左右；而q、z最少，只有0.1%。当然，可利用的规律不止这一条。比如在英语中，e、a、t都出

现得非常多，但 t 一般只在几个元音字母前后，e 则几乎能和其它所有字母做伴。还有 h 经常在 e 的前面，很少跟在后面，等等。随着破译出部分字母，进展会越来越快。当你知道密文“OKWA”中头三个字母代表“thi”时，就能猜出“A”多半代表“s”。

就这样，从宗教界、文学界借鉴来的方法让密码破译者再次战胜了加密者。最辉煌的战果出现在 1587 年。当时苏格兰的玛丽王后被伊丽莎白女王囚禁，一些苏格兰贵族想营救她，于是给她写了一封密信。可惜送信的人是“卧底”，而伊丽莎白手下又有一个密码破译高手，用统计分析法破译了这封密信。营救没有成功，密信还成为判处玛丽死刑的证据。

在二战中，虽然德国“恩尼格码”密码机有了进一步的革命性进步，英国布雷奇利庄园也引入了更多新技术，但他们的加密过程中还是有字母替换，破译过程中也还要用到统计分析法，并且需要更多的语言学、数学知识。

即便是在现代密码战中，对密文以及敌方语言进行统计分析、积累资料，也是必不可少的。现在热火朝天的搜索引擎、人工智能、自动翻译对一段文字进行智能识别，也需要大量的基础分析，其中还能依稀看到阿拉伯神学家们工作的影子。

十一、跨界新技术

20 世纪末，兵器发展开始进入一个新时期：机械化早已是基本要求；装备导弹、制导兵器也已经是常态，连步兵、炮兵也配备大量制导兵器；电子战充斥整个战场，包括外层空间。隐身化、信息化也在 20 世纪末初露头角，展示出巨大的威力和前景。新技术、新兵器的发明之路，表现出多方跨界、交流融合的特点。

11.1　隐身技术，三军通用

在 1991 年的海湾战争中，美国的 F-117 隐身战斗机投下了对伊拉克大规模空袭的第一颗炸弹，而且是深入纵深，在伊拉克首都巴格达轰炸电信电报大楼、指挥控制中心。整个“沙漠风暴”空袭行动里，40% 的重要战略目标都是由这款隐身战斗机潜入伊拉克领空，完成精确攻击。从此，隐身战斗机成为各国关注的焦点。后来美国相继研制了 B-2 隐身轰炸机以及 F-22、F-35 隐身战斗机，俄罗斯和中国也分别研制了苏 -57、歼 -20 隐身战斗机。

图 11.1.1　美国 F-117 隐身战斗机

图 11.1.2　美国 B-2 隐身轰炸机

图 11.1.3　美国 F-22、F-35 隐身战斗机

图 11.1.4　俄罗斯苏 -57 隐身战斗机

图 11.1.5　中国歼 -20 隐身战斗机

说到隐身飞机，大家首先想到的是它们能有效克制战场千里眼——雷达。F-117 在雷达上看起来就像一只大型的飞鸟，B-2 轰炸机看起来像小鸟，F-22 则据说更小（注意，是对某些波段的雷达，并非所有雷达）。其实这些飞机采用的隐身技术并非只针对雷达，还有红外隐身、可见光隐身。

一架飞机的雷达反射截面积的数值并非固定的，不仅要看雷达是从哪个方向探测飞机，还要看雷达的工作频率是多少。很多作战飞机前向的雷达反射截面积要比侧向的小，因为侧面有机身、机翼、垂尾等组成的更多凹角，更容易反射雷达波；上方的要比下方的小，因为有驾驶员座舱这个大凹坑。

特别是雷达工作频率（工作波长），对隐身不隐身影响很大。比如飞机舱盖、舱门的缝隙容易反射雷达波，设计成锯齿形后能把反射波集中到三个方向，其它方向则非常弱，这是针对工作波长和缝隙尺寸差别不大的厘米、分米波雷达的；飞机外形光溜溜，没有天线等小凸起，也是针对这些雷达的。对于米波雷达，这些小缝隙、小凸起就没影响了，关键是长几米的那些大尺寸构件，比如整片机翼、机身等等，这些就很难设计为特殊尺寸了，因此米波雷达是远距离发现隐身飞机的有效手段之一。当然，米波雷达本身就存在探测精度低的特点，无论对隐身飞机还是非隐身飞机，所以基本上只能用于早期预警，没法引导导弹攻击。

F-117、F-35隐身战斗机的很多舱盖、舱门，边缘都是锯齿形的；弹药都装在弹舱内，不露在外面。

图 11.1.6　隐身战斗机针对厘米、分米波雷达的隐身措施

隐身飞机的雷达隐身主要是针对防空系统的厘米、分米波雷达（左图），对米波雷达（右图）的隐身效果就差了很多。

图 11.1.7　厘米、分米波雷达和米波雷达

F-117 的发动机喷口像两排口琴，用隔板分割，下面还往后伸。这既是为了挡住后方地面雷达发射的雷达波使其不能进入喷口，也是为了让炙热的喷气尽快散开，和大气中的冷空气混合，降低温度。尾喷口上还覆盖有耐热陶瓷，不像金属结构那么吸热、升温，也是为了降低红外辐射。B-2、F-22 的喷口也采用类似措施，降低排气的温度。

F-117 的发动机喷口是一个扁平的长条，内有很多道隔板，像口琴，而且下面明显比上面长出一大截，从下方完全看不见尾喷口。

图 11.1.8　F-117 的发动机喷口

可见光隐身，则体现在飞机的涂装颜色上。早期的 F-117 是黑色的，因为它们当时只在夜间飞行，包括训练时，美国人为了对它保密可谓煞费苦心。后来它也在白天执行任务，美国

空军就试用了灰色涂装。F-15、F-22 等战斗机也是灰色涂装，因为这种颜色在天空、云彩、大地等综合背景下，最不容易被肉眼发现和识别。

图 11.1.9　后来有些 F-117 换成了灰色涂装

而且这些隐身飞机表面的涂料，不仅考虑了颜色，还是内含吸波材料的特殊涂料。它们能把照射过来的雷达波能量吸收一部分，从而减少反射、散射的电波能量。隐身飞机的某些结构部件，包括蒙皮，也有采用吸波材料制作的。这也是雷达隐身的一部分。

1999 年 2 月 21 日，这架 F-117A“夜鹰”隐身战斗机飞抵意大利，准备对南联盟进行空袭。负责结构保养的军士正蹲在机翼上向军官报告，可以看到他的军靴上套着一双保护鞋，就是为了避免破坏飞机的隐身涂层。飞机的联队标志的右上角被挡住一块，可以推断它的机体表面曾有损坏，经过了修复。巧合的是，1999 年 3 月 27 日夜，这架飞机在贝尔格莱德附近被击落。

图 11.1.10　被击落的 F-117

飞机上的这些隐身技术综合了电磁学、材料学、热力学知识，要全面考虑各方面的需求。比如F-22作为战斗机，喷口处除了考虑红外隐身，也要兼顾高推力，因此没有采用F-117、B-2那样的结构。

图 11.1.11　F-22 战斗机

另一方面，这些隐身技术的原理、设计，不光用在天上，也下海落地，在舰艇、坦克上照样发挥作用。

红外隐身，军舰上采用得并不比飞机晚，而且原理基本一样——把高温排气和大量空气混合以降低温度。以前就有不少军舰把烟囱设计成内外两层，内层是烟道，外层是风道，下面有吸入空气的开口，随着烟囱排气上升，引流作用顺带把周围一圈冷空气也带上去，二者混合使排气降温。

坦克发动机排气则不怎么采用这项冷却技术，因为它的尺寸比军舰小多了，又不像飞机那样不用吸就能有足够的冷空气。但有的设计师尝试在坦克燃料中加入某些添加剂，来降低排气温度，或者改变一下排气的红外频谱特征。坦克周围的空气、土地、岩石、林木，红外辐射比飞机周围的空气更复杂，能给红外隐身创造一些条件。另外，F-117喷口的陶瓷材料降温技术，坦克发动机可以用。不少国家都在研究陶瓷发动机，就是用陶瓷制造内燃机的某些部件，或者给部件添加陶瓷层，可以大幅度减少热能向发动机外的扩散，不仅有助于红外隐身，还能提高发动机的效率。

可见光隐身，坦克、军舰上应用得比飞机早。坦克的迷彩和 F-117 的涂装一样，也因为战场环境不同而在变化。坦克早期大都以绿、褐、黑等颜色为主，适合隐藏在山林之中；少数国家有夹杂黑点的白色涂装，用于冰天雪地。后来随着城市战增加，又专门为坦克设计出城市涂装，以黄、灰等色为主，和城内的建筑、街道、砖块、混凝土颜色类似。二战时的军舰经常在侧面涂上深浅色块，干扰敌舰对自己的观察。

图 11.1.12　一些北欧国家装备的涂绿白相间的雪地迷彩的“豹”2 坦克在北欧森林中隐蔽效果很好

图 11.1.13　德国“豹”2 坦克的最新改进型（绰号“城市豹”）的黄黑灰三色涂装更贴近城市里的建筑材料

这也是一种视觉伪装技术，虽然不能让敌舰看不见自己，但会让敌舰看不准自己的大小、舰型、航向、速度，从而降低射击精度，甚至造成误判。当时有一些德国潜艇就是因为受这种色块迷惑，没有判断准盟军驱逐舰的速度，结果刚刚下潜，就被对方追到跟前，被炮火击中或者指挥塔遭撞击。

图 11.1.14　二战时的军舰经常在侧面涂上深浅色块

前述飞机最早大规模应用的雷达隐身，现在正被军舰、坦克努力学去。

归纳起来，F-117 减少雷达波反射主要靠三种方法：一是靠有棱有角的平板外形，把雷达波反射到特定方向，使其不容易回到敌方雷达；二是减少凸起的小物件，免得这些和雷达波长相近的东西产生强烈反射；三是采用吸波涂料、材料。

军舰很快就把这几招学去，首先把船体大变了一番。栏杆

比较一下两舰的两侧，可以看出左舰还有栏杆，右舰则是整体的围板。

图 11.1.15　两艘中国驱逐舰的比较

被换成了挡板，看着金属面积更大，其实减少了雷达反射，这就和飞机上减少天线一个道理。舰桥、上层建筑原本有很多台阶、走廊，是为了方便布置和操作高炮、发射架、雷达等武器设备，现在则尽量拉平，走道也藏到内部去。

过去军舰的上层建筑和船舷就像飞机的机身和机翼，会产生强烈的反射，现在这些地方圆滑过渡，雷达波更多地跑向其它方向。

军舰船体、上层建筑的侧面，过去多为垂直的，和海平面正好形成一个直角，几乎把雷达波都反射回去了，敌方飞机、反舰导弹看着很清楚。现在军舰把船体侧面外倾，上层建筑侧面内倾，和海平面的夹角不再为 90° ，雷达波反射回去的角度就有一定偏转，敌方雷达不容易探测到。

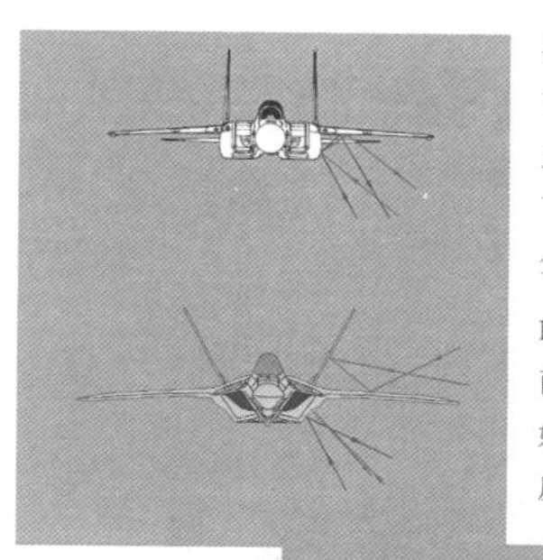

传统战斗机的机翼、尾翼大多是水平的，垂直尾翼、机身侧面则有不少垂直面，它们就形成了一个 90° 的反射角，敌方照来的雷达波经过两次反射后，很容易往来的方向反射回去，飞机也就容易被雷达探测到。即便机身截面是圆的，也有部分和机翼垂直，形成较强的反射。

F-22 这种隐身战斗机，垂尾都外倾，机身侧面也不再是垂直面或圆弧面，而是平面。虽然在某一个特定方向，雷达波正好和机身侧面垂直，反射很强，但在其它方向，雷达波都被反射向另外的方向，敌方雷达也就不容易探测到。

过去军舰的舷侧经常垂直，和海面形成 90°；舰桥等上层建筑的侧壁是垂直的，和甲板形成 90°。这也容易把雷达波反射回敌方飞机、导弹。

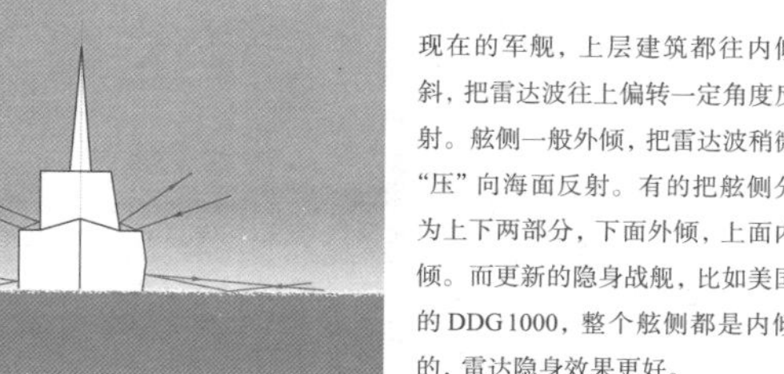

现在的军舰，上层建筑都往内倾斜，把雷达波往上偏转一定角度反射。舷侧一般外倾，把雷达波稍微“压”向海面反射。有的把舷侧分为上下两部分，下面外倾，上面内倾。而更新的隐身战舰，比如美国的 DDG 1000，整个舷侧都是内倾的，雷达隐身效果更好。

图 11.1.16 战机、战舰外形对雷达反射的影响

舰炮的炮塔也从圆形改成多面体，就像 F-117 的外形一样。

小艇和它的吊架被藏到一个大舱室内，加上金属卷帘门，不用小艇时落下关闭，这和隐身飞机把导弹移到专门的弹舱内是一个道理。

前面的舰炮炮塔变成了一个金字塔形，不开炮时炮管收在前面的斜形三角区内。

图 11.1.17　瑞典“维斯比”级隐身护卫舰

侧面是一道金属卷帘门，救生用的小艇藏到它后面，防止小艇和吊架大量反射雷达波。

图 11.1.18　法国“拉斐特”级护卫舰

采取这些措施后，军舰的外形更加简洁，雷达反射截面积也小了很多。现在这样的外形，几乎已是新式军舰的基本标志。但除了船体、栏杆、舰桥等部分，军舰上还有一些强烈反射雷达波的东西——雷达天线、通信天线。

这些天线是通过辐射电波工作的，因此本身就对电波有很好的放大、反射效果。飞机上一般只有一两个雷达天线，而军舰上用于搜索、导航、卫星通信、控制导弹舰炮的雷达天线常有十几个，怎么办？这就要依靠更多、更先进的吸波材料了。人们设计出了电子桅杆，有点类似飞机机头的雷达罩，但传统雷达罩是尽量让电波畅通无阻地过去，电子桅杆的外壳则是选择性地放行——自己雷达、电台发射的电波可以出去进来，别人发射的则一律挡住。它甚至还有控制功能，能选择“开关”，因为敌我雷达的工作波段免不了要相互重叠，选择“开关”就能进一步过滤敌方雷达信号，减少反射。

前桅杆上还是老样子，桁架交错，顶着各种天线，是很好的雷达反射源。

图 11.1.19　美国改装后的“阿瑟·雷德福”号驱逐舰（DD-968）正在试验电子桅杆

这种电子桅杆让军舰的隐身水平又跨上了一个新的台阶，军舰的外形也变得更加科幻。

可以看到舰桥大变样了，各种天线都藏到了电子桅杆里。前方两门舰炮，炮管从藏身处抬了起来。

图 11.1.20　建造中的美国“朱姆·沃尔特”级驱逐舰（DDG 1000）

图 11.1.21　我国最新的万吨级驱逐舰也采用了电子桅杆

坦克在雷达隐身方面，则跟飞机、军舰有所区别。一是雷达对它的威胁不如红外热像仪等光电设备大；二是现在适合探测、攻击坦克的雷达，一般工作在毫米波段；三是陆战环境复杂，坦克外面免不了要挂很多零碎的设备、杂物。因此，F-117、B-2那样的外形隐身技术，坦克一般不怎么考虑，也就是稍微注意一下接缝、棱角。但隐身涂料对坦克就比较好用了，而且因为不像飞机对重量要求那么严，坦克尽可以涂上较厚的吸波材料。现代坦克上本来就常喷涂一层防滑材料，看着像粗糙的塑胶跑道，于是有的国家干脆把颗粒状的吸波材料也加进去，推出了隐身坦克。

天上、海上、地上各方面的隐身需求，让隐身技术的发展越来越快，各种隐身兵器也是你来我往，相互借鉴、共同提高。比如更先进的吸波材料，既可以喷涂到坦克、飞机、军舰表面，也能用于制造飞机蒙皮、框架和军舰上的某些设备，特别是用于制造电子桅杆的外壳，让更多雷达波有来无回。进一步研究外形对各种雷达波反射的影响，可以帮助飞机、军舰对抗更宽波段的雷达，也能让坦克多一些手段应对新兴的毫米波制导反坦克导弹。陶瓷绝热材料对飞机喷口、军舰烟囱、坦克动力舱来说都是急需的，红外隐身的大发展需要它。

现代兵器技术的发展和现代战场一样，已不再是坦克大炮、飞机军舰的单打独斗，很多重要技术的跨界应用让它们的一次进步，就能促进多种兵器的大步发展，甚至产生超越性的变革。

11.2　机器战士，始于足下

和隐身兵器一道，现在频频出现在新闻中的新兵器还有无人机、机器人。

无人机不用多说了，以美国“捕食者”为代表，多次击毙恐怖组织的头目，实战表现很突出。它的发展虽然以航空业为主，但核心技术其实在于电子、通信，否则后方操纵员如何看到无人机的探测图像，怎么操控它飞行、攻击？自主型无人机则不怎么依赖后方的遥控，能自主飞行、识别目标、投弹攻击，美国研制的 X-47 是一个代表，2015 年进行了一次自主空中加油。它外形有些像 B-2 轰炸机，可以说结合了航空、隐身、人工智能等多方面的技术成果。

机器人，听起来就更酷，特别是机器战士，颇有科幻色彩。它们的研制当然也涉及多方面技术，包括和 X-47 无人机一样的自主驾驶、人工智能技术。用途上，它们也并非局限于陆战，不过这里我们只谈谈“机器战士”研制中的一个方面——走。

配备机枪的“剑”式无人车曾在阿富汗、伊拉克战场进行测试。有媒体曾报道说它出过什么什么故障，把机枪瞄向了自己人，进而得出机器战士多么危险的结论。这个评价有些夸大了。这种无人车并非自主行动，而是遥控的，“智力”水平其实不高，远到不了反过来危害自己人的地步。

图 11.2.1　美国“剑”式作战无人车

首先对于什么是“机器人”，现在各方的称呼有些混乱，特别是在新闻报道中。不少媒体把美国、俄罗斯用到战场上的作战无人车也称为“机器战士”，这主要是因为第一种战斗型无人车——美国“剑”式无人车，是由“魔爪”排爆无人车（也叫排爆机器人）改装而成的，于是从“排爆机器人”衍生出“战斗机器人”的叫法。

图 11.2.2　俄罗斯“平台 –M”作战无人车

美国曾在战场上测试他们的作战无人车，但极少向外公布具体情况。俄罗斯的作战无人车 2016 年参加了在叙利亚的一次高地争夺战，表现神勇。当时一共 6 辆无人车投入战斗，协助叙利亚政府军进攻。遥控人员操纵它们抵近“伊斯兰国”极端组织的据点前 100 米，用机枪和火箭筒进行火力压制。敌方即便是用各种枪械打中无人车，也难以造成伤害，因而只能被动挨打。敌人躲进坚固工事、房间后，无人车的枪弹、火箭弹奈何不了，就呼叫和引导后方的榴弹炮进行炮击。战斗持续了 20 分钟，极端组织的武装分子没有还手之力，被击毙 70 人，而叙利亚政府军只有 4 名士兵受伤。

无人车的作战威力可见一斑，各国自然是大力研制。对这种新兵器的研究、发展、创新，主要集中在行动方式也就是无人车的“腿”上，因为它的作战本领、能当什么战士，很大程度取决于“走路”的方式，能在哪些地形条件下冲锋陷阵。设

计师们的奇思妙想，也是非常丰富。

要在战场上行动，最简单的方法自然是向坦克、装甲车学，用履带、轮子。但无人车不能照搬坦克、装甲车的，因为它们大多是小个头，有的甚至像个玩具，只有巴掌大。要在有限的空间里给轮子装上转向机构很麻烦，因此很多轮式无人车转弯时像坦克，两边的轮子反向转，就能原地转向。

光这样还不行，行军、作战不仅是在公路、平原上跑，还要翻越各种障碍、沟壑。而无人车普遍个头小，怎样提高越障能力呢？有的车把轮子分别装在一个可以转动的摇臂上，摇臂一转，轮子就能上下摆动，这样在碰到台阶时，它能轻松地“抬腿”上去。这样的无人车有时碰上 1.5 米高的台阶也能上去。

图 11.2.3　几种采用摇臂式车轮的无人车

这里还有个技术关键，就是车轮的驱动要靠轮毂中间的电机，而不是像普通装甲车、汽车那样靠传动轴。这种轮毂电机技术也是研究重点之一，正在逐渐提高功率，将要用到普通的轮式装甲车甚至轻型坦克上。这样坦克、装甲车就能去掉传动机构、变速箱，减轻重量、方便布置。小无人车的技术进步，也能推动大型战车的技术进步。

有些无人车个头更小，摇臂对它来说都复杂了，于是它的车轮直接安在车体两侧，但在车体中间分节，前后部分可以扭转。这样一扭车身，就能抬高一侧前轮，爬上比自己还高的障碍。

图 11.2.4　波兰“鹮”式无人车

有的设计师还在无人车轮子的一些细节上想了些点子。比如轮子边缘是一片片硬质塑料，虽然走在硬地上“咯噔咯噔”响，但碰到水塘、小河，轮子就能变成明轮桨打水前进，水陆两栖。碰上泥泞道路

图 11.2.5　这个无人车的轮子也是划桨

和小台阶，这种轮子也能抓地更牢，攀爬过去。

用履带的无人车，也想了各种办法提高过障能力。最典型的就是在前方加一对三角形的前臂，外圈有履带。前臂仰起就相当于把前方履带翘起，还能直接转动前臂，像两只胳膊那样翻上台阶。

这种小车是美军在阿富汗、伊拉克排爆时用得最多的小型无人车 PackBot。后来美军研究“未来战斗系统”时把它也加进来，作为步兵班组的“侦察兵”，还准备用小型多管发射器武装它，使其能直接向敌人发射榴弹。

图 11.2.6　加前臂的履带无人车

随着城市战受到更多重视，一些适合在城市街道、房间里行动的小型无人车也纷纷出炉。有的在设计上走简化路线，轮子直接固定在车体旁，

“龙腾”无人车的前方和侧面都有摄像头，观察周围情况。外壳、轮子都用硬质塑料制成。

图 11.2.7　美国“龙腾”无人车

这样跑平路当然没问题，要是碰上墙壁等障碍呢？捡起来直接扔过去！它不仅外壳坚固，内部设备也尽量简单、固定，不怕摔打。落地后反了怎么办？无所谓正反，因为它没有车顶、车底之分。

既然落地后的姿态不重要，有的工程师就干脆只留下两个车轮，把无人车做成哑铃那样。怕前后晃荡，就在后面加根小尾巴，帮助它稳定。这种无人车可以做得很矮，所以很适合到车底检查有没有炸弹。

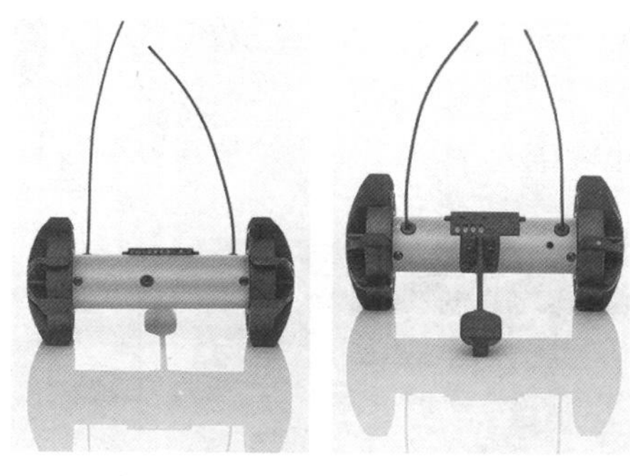

图 11.2.8　美国 Recon Scout 无人车

两个轮子可以，那一个轮子呢？也行。瑞典人研制的一种无人车，看着像一个大球，眼睛长在两侧。它怎么跑呢？因为球内设备合在一起的重心不在球心，用电机转动，让重心偏转到前方，整个球体就会因重心前移而向前滚动。反之则后退，这样不断改变重心，无人车或者说无人球，就可以不断前行了。转弯，则只需要把内部设备往左偏一点，球体就会左倾，像自行车那样往左拐弯前行。

图 11.2.9　瑞典 GroundBot 无人车

日本还研制了一种球形的无人车，扔进房间落地后会伸展开，变成近乎四轮的小车。这种无人车也是为城市战侦察研制的。

图 11.2.10　日本轻型侦察机器人

这些靠履带、轮子行走的无人车可归入广义的“机器人”。最狭义的“机器人”，其外形像人，双腿行走，它的研制难度很大，现在只有美俄等少数强国在研究；稍广义的“机器人”，还包括模仿昆虫、骡马甚至飞鸟、鱼虾等生物运动的仿生机器。

仿生机器的研究、设计难度也不小，但各国还是给予了很大关注，投入重金研究。为什么？这不单是为了研制某一个型号的兵器，而是因为这种研究能带动很多相关技术，从而为其它兵器的发展提供动力。而且“机器战士”的作战潜力实在太大，谁都不敢落后。

为了在城市战中穿过被炮火毁坏的建筑、街道，以及篱笆墙、涵洞，以色列和美国正在研究军用机器蛇。机器蛇能在地面缝隙、草丛中爬行，钻过去后抬起“头”四处侦察；还能爬树，获得更好视野。要模仿蛇的运动，“蛇”身就要由一节节可以旋转、摆动的机构组成。而这些小巧的动作机构，还能用在导弹弹翼控制机构等方面，让兵器工程师设计出更加灵活小巧的导弹。

图 11.2.11　美国、以色列的机器蛇

昆虫是另一种比较容易模仿的生物，因为它腿多，容易保持稳定、平衡。现在的军民两界都有六足的工程车，适合在山

地、林间进行伐木、工程作业。军用足式工程车在野外、山地挖战壕、修工事，有超常的灵活性。而研制小巧的机器虫、昆虫战士，能让这类机动平台更加快速、灵活。也许以后会出现身背弹药的机器蜘蛛、大蚂蚁，帮助步兵携带弹药。

图 11.2.12　六足伐木机器人

四足机器人比六足、八足的要难研制。虽然三条腿就能保持稳定，但要想以足够的速度行走甚至奔跑，四足机器人就会只剩下两条甚至一条腿着地，这时还得保持平衡，而且是一种动态的平衡，所以难度很高。但很多国家都在花重金研究四足行走机器人，最著名的当属美国“大狗”，弄得现在很多媒体甚至专业研究人员都把四足机器人叫作“大狗”。既然困难，为什么还要舍易求难？因为研究四足行走可以带来不少先进技术。

美军希望这种“大狗”能像忠实的军犬一样，伴随步兵作战。不过它要担负的任务可不是军犬那样的侦察、警戒，而是像战马那样运送武器弹药。步兵穿行于陡峭的山地、密林时，这种靠腿行走的无人平台可以全程跟上。

图 11.2.13　美国“大狗”四足行走机器人

“大狗”身上要安装多种小巧、精密的传感器，测量角度、测量力的都得有，这样才能快速感知自身的姿态。而这些传感器，又可用于假肢、医疗等领域，也能用于地雷引信、远程侦察器材。“大狗”前方要安装摄像机、激光雷达探测器，全面探测前方地形，然后由计算机根据探测信号识别出坑坑洼洼。这方面如有技术突破，就能移植到侦察装备上，自动识别出战场地形、潜在目标，成为机器侦察兵，至少能协助侦察兵、情报参谋提高战斗效率。“大狗”那不断快速蹬出的机器腿，核心是特殊的动作机构，要有很高的功率和响应速度，而这也是导弹弹翼控制、发射盖开启、发射架瞄准机构等可能需要的。

当然，“大狗”以及前面那些先进作战无人车的研制，也在不断从其它众多兵器上借鉴技术和经验，它们的发展成果也会被用到机器鸟、机器鱼上，把无人战场延伸到更广阔的天空、海洋。

11.3 外骨骼系统，造就机甲战士

上一节说了军用机器人，现在说一说与它密切相关的另外一种新兵器。

像人一样行走的双足机器人，乃至四足机器人，研制起来都有一些难度，因为足式军用机器人的最大困难就在于如何识别复杂的地形，迅速向机器腿发出正确指令。人的大脑从幼儿时开始锻炼，逐渐有了如何控制四肢的“程序”，它非常复杂，其中还有很多无法精确描述的“本能反应”。动物乃至昆虫，

指挥腿脚行动的大脑也很复杂。因此，让计算机像生物大脑那样控制机器腿是最大的研究难题。

有没有另外一些解决方法呢？毕竟这样的机器战士、机器战马，对军队来说有很强的吸引力。于是结合另外一个领域的需求，人们发明了一种新的机器人——外骨骼机器人。

医疗领域的假肢，是帮助残疾人重返正常生活的关键设备，军队也需要它来救助在战场上失去肢体的伤残将士。先进的假肢要能尽量模拟人体四肢的各种动作，不过它的控制还是靠人脑，以及读取和解释人体神经电流的传感器、计算机。也就是说，假肢负责力量，不负责指挥。

这种方法被兵器设计师们借鉴了过去：做一个只有身躯、肢体的机器人，控制它们的则是人。坚硬的机器腿、机器臂就像骨骼一样套在人体外面，因此被称为“外骨骼机器人”。

其实在兵器设计之前，娱乐圈的人早就这样想了。小朋友们看过的《果宝特工》，就是让身体像果冻的橙留香、菠萝吹雪和陆小果，穿上一套机械铠甲战斗。还有很多动画片中，也都有这样的“机甲战士”——平时看着柔弱，念个口诀一变身，就成了机甲战士。科幻电影中也有很多这样的主角，比如

图 11.3.1　动画片里的机甲战士

1987年开始的著名科幻片系列《机械战警》，以及后来的《钢铁侠》。最接近现实版的则是《黑客帝国》《阿凡达》中的机甲战士——它们有大型的机械骨架和四肢，操作员坐到中间后运动，机械四肢就会跟随行动，从而跑跳、射击。

图 11.3.2　电影里的机甲战士

现实中，美国雷锡恩公司（又译作雷神公司、雷声公司）在2011年就研制过一种同步操作机器人。该种机器人下面还不是腿，由一对履带负责行走；上面两个机械臂则已经很像人的手臂了，操作员无需多少特殊训练，就能控制它们行动，把几百千克的铁板、钢管搬来搬去。可以预料，它在工程施工中

有很好的应用前景。顺便说一句：雷锡恩是美国最主要的军火公司之一，“麻雀”“爱国者”等导弹，还有 F-22、F-15 等战斗机上的雷达，都是该公司的产品。

图 11.3.3　美国雷锡恩公司的同步操作机器人

其实这个成果来源于雷锡恩公司的另一个研究项目——SARCOS 外骨骼机器人。它不仅有胳膊，还有双腿，没有人与之结合时很像一个独立的机器人，可以在遥控下完成一些简单动作，但行走就不行了，需要一个人把它全身穿戴上。贴着人体有很多传感器，人腿一动，传感器就会告诉计算机，随即指令相应位置的电机、作动筒等动力机构工作，机械腿就跟着人腿移动。手臂、腰部也一样。这套用金属、电机等制造的骨骼，不仅动作跟随人体，力量还比人体大很多倍。士兵穿上它后，单手就能轻松提起十多千克的弹药箱。

这样一套外骨骼，不再需要具备高度人工智能的计算机“大脑”，也不需要复杂的雷达、摄像机等“眼睛”，离实用化近了很多。当然它对某些技术的要求还是很高，比如装在膝盖、腕肘、脚部、臂膀、背部等各处的压力、位移传感器，要以

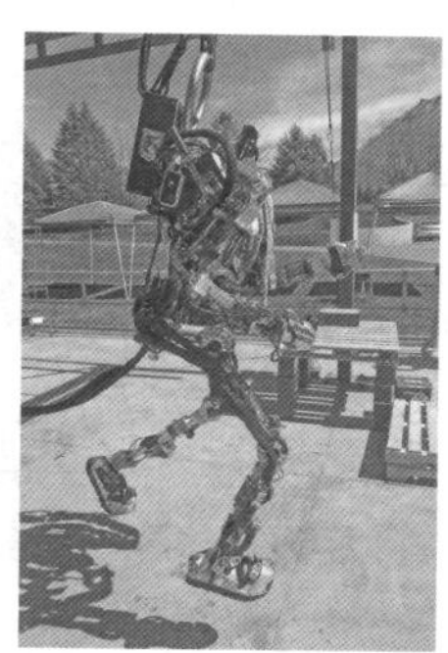
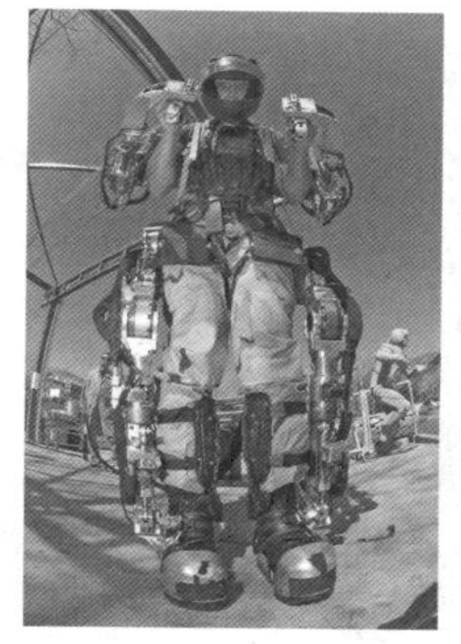

图 11.3.4　试验中的 SARCOS 外骨骼机器人

每秒上百甚至上千次的速度进行精确测量，这样机械腿脚才能及时跟上操作员的动作，减少阻涩感、误动作。而且在外力触碰下，它要足够稳定和坚固。

雷锡恩公司这项应用成果是否进一步到军队里试验，尚不得知，但另一种比它简化一些的外骨骼系统已经在美国军队中进行试验，那就是洛克希德 · 马丁公司研制的 HULC。

HULC 是“人员通用负重托架”的英文缩写。这套外骨骼的基本目标就是增强士兵的负重，因此和前面的 SARCOS 相比，它去掉了相对复杂的机械手臂，只留下对负重最关键的机械腿、腰背；关节、作动筒等机构也被尽量简化。它能紧随人体的下肢转动、弯曲，而且在膝盖弯曲时提供强大助力。士兵穿上这一套外骨骼后，在负重90千克的情况下，还能在崎岖地形快速奔跑，时速达到11千米左右，最快能到16千米，而一般的急行军标准为10千米时速。

图 11.3.5　美军试验 HULC 外骨骼系统

这套外骨骼系统的穿戴很方便，脱下并整理完毕只需要半分钟左右。背部还能专门配备一些支架，携带大口径炮弹等物资。

在野外战场，这套外骨骼系统可以解决负重与速度之间的矛盾。

随着现代战场的变化，步兵需要携带的装备越来越多。除了步枪、子弹，还要带枪榴弹、火箭筒、单兵导弹等更大的弹药；除了干粮、水壶和铁锹，还有电台、GPS、防弹衣等。他们的腰被深深地压弯了。美国陆军规定的单兵负荷为25千克，但在实际战争中，步兵经常要背35～60千克。在平原、沙漠还可以靠车辆代步，但是在山地作战就全靠步兵自己的身体了，他们基本上只能走走停停，根本不可能急行军，也就不可能奢望着突然出现在敌人面前，用猛烈的火力消灭目标。

除了标配的步枪、弹药、防弹衣等装备，在伊拉克作战的美军士兵还经常要携带火箭筒、迫击炮、电台等设备，甚至用于砸开大门的铁锤。在敌人的枪支火力威胁下行动，还要翻墙、钻洞，体力消耗可想而知。

图11.3.6　在伊拉克作战的美军步兵

但有了外骨骼系统，步兵能身背几十千克的装备，像徒步走大路那样轻松地翻山越岭，快速抵达作战地区。

抵达作战地区后，步兵们可以脱下外骨骼，轻装上阵；也可以继续穿着它，扛起重机枪等武器，发挥出远超过单兵的火力。比如一挺M134米尼冈6管机枪，射速在6 000发/分钟以上，是普通机枪的10倍，但它靠电动机和供弹机驱动，总重

26千克；如果配备1 000发子弹，25.5千克，全重就将近52千克。它一般是配备在“悍马”车上，而一名穿戴外骨骼的步兵能携带它，射击时的后坐力也能由金属骨架承担，这样的火力足以全面压制敌方几十人。90千克的负重还有38千克富余，步兵能携带一面防弹盾牌甚至装甲钢板，变成真正的机甲战士。他还可以轻松背起伤员、人质或俘虏，穿过山岗树林快速撤离。

外骨骼对于步兵的射击方式也能有很大改变。像上述那样承受大后坐力，让步兵直接使用重机枪、大口径反器材步枪甚至机关炮是一种方式；精确射击时，精确度也能得到提高。现在的轻武器瞄准时，主要靠步兵的双手、肩膀来控制其方向，肌肉疲劳后的颤动、呼吸引起的轻微身体运动，都会影响其精确度。如果把枪械和外骨骼作些连接，就能消除疲劳、呼吸的影响，使瞄准更加稳定，每个步兵都能成为狙击高手。

因此，作为一种新兵器，外骨骼系统对战争的影响将非常巨大，它会彻底改变步兵的战斗方式，进而影响其它各种兵器以及陆战战术。比如坦克，过去碰上拿着手雷进行自杀式攻击的步兵，可以用机枪进行拦阻，可现在这名步兵穿了几十千克的装甲，不惧枪弹，身手非常矫健，该怎么办?

即便一套不是很灵活的外骨骼系统，仅仅提高士兵负重这一个功能，也可让步兵分队的机动力、战斗力有很大提高：在险峻地形处，也可能有敌人的重装部队突击过来；城市战中，你可能在小巷、房内遭遇一位身披装甲钢板的士兵，丝毫不理会你射出的枪弹。

这种让士兵变得更加强健的想法，其实早在20世纪60年代就有了，“人体外骨骼”就是当时麻省理工学院等一些研究机构为这类装置起的名称。不过那时各方面技术条件还很欠缺，机械材料、电源动力、传感器、控制器本身都比较重，如果一套外骨骼的手臂可以举起100千克的重物，它自身就重50千克，那用处就不大了。因此，在30多年间，人体外骨骼或者说外骨骼机器人、外骨骼系统，一直进展缓慢。

2004年，加州大学伯克利分校为美军研制了“伯克利下肢末端外骨骼”（Berkeley Lower Extremity Exoskeleton）系统，简称BLEX。它由背包式外架、金属腿以及相应的动力设备组成，使用背包中的液压传动系统作为动力。不过液压系统、金属腿等部件还是略显复杂，重量不轻。

在随后几年，机电、传感器、控制技术都有了长足发展，外骨骼系统的研究迎来了一轮新的进展。不仅有瞄准军事作

图11.3.7　伯克利下肢末端外骨骼系统

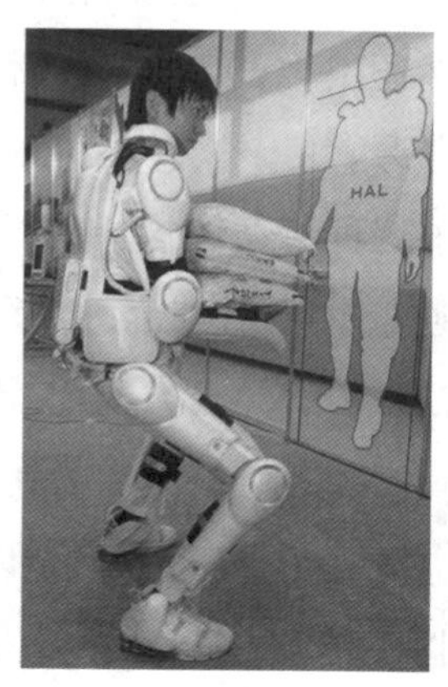

图11.3.8　日本HAL外骨骼系统

战的，也有侧重医疗用途的。比如日本研制的“混合辅助腿”（HAL），关节处以电机转动，外形上更加“亲民”，能帮助残疾人行走、爬楼。它已经正式投入市场，不仅能用于医疗，也能让普通人变得更加强壮。

前面提到的美军试验的HULC，显然已具备一些实战功能，但后来很少再有报道。这一方面可能是为了保密，另一方面是因为要想放心、自由地用到战场上，外骨骼系统还有一个技术问题需要解决，那就是能源问题，这个问题下一节再说。

11.4　燃料电池，从外到内的跨界

外骨骼系统能给士兵提供强大的助力，但它本身像汽车一样，也要消耗动力。比如上一节提到的美国洛马公司的HULC，整个系统由2块总重3.6千克的锂聚合物电池供电，但在士兵负重90千克的情况下，只能行军1小时。这离实战要求当然还很远，洛马公司后来也在不断地改进这套系统，重点就是电源。

除了这种革命性的新兵器，步兵对电源的需求早已是不断攀升。通信时要用电台；渗透敌后侦察，要用卫星导航设备、红外夜视仪；引导己方火炮、导弹攻击，要用目标指示器。在步兵的负重里，增长最快的就是各种电子设备，以及维持它们工作的电源。电子工程师们在不断减小电子设备重量、尺寸的同时，也极力降低它们的功耗。

但外骨骼这类机械运动系统，耗能可不像手机等电子设备

步兵现在经常要携带电台、数据终端（左上图）实现联络指挥，夜战时要携带热像仪、夜视镜（右上图），有时还要带卫星通信设备（左下图），甚至扫雷器、金属探测器（右下图），这些装备都需要电源才能工作。

图 11.4.1　需要电源的步兵装备越来越多

那么低，再怎么降低也无法低过其基本的能量需求，传统的蓄电池已无法满足要求。

锂聚合物电池是目前最好的化学电池，每千克能储存电能 0.2 ~ 0.3 度，各国都在努力改进它，目标是达到每千克 0.5 度。这已逼近化学电池的理论极限值，对于耗能大户来说，锂电池就不够用了。上述 HULC 即便再改进锂电池，也只能达到 1.5 千克的电池行军 1 小时，要维持一整天的作战，电池就得

带36千克，这显然很难接受。内燃机、发电机组合的效率要比化学电池高，同样负荷一天只需要4.5千克汽油；再加上一台烧汽油的内燃机和发电机，重量算6千克。这么算下来，一天用电池要背36千克，用内燃机发电要背10.5千克，还是后者更合算。几千克的内燃发电机组，制造难度不大，但它有个致命缺点是噪音大。在11.2节提到的四足机器人“大狗”的研制中，噪音就是技术瓶颈之一，走起来“嗡嗡”作响。

好在人们有了一种新技术——燃料电池。说它是电池，其实更像是发电机，而且是用燃料和氧化剂直接进行化学反应生成电能，没有燃烧、发热、噪音等现象。

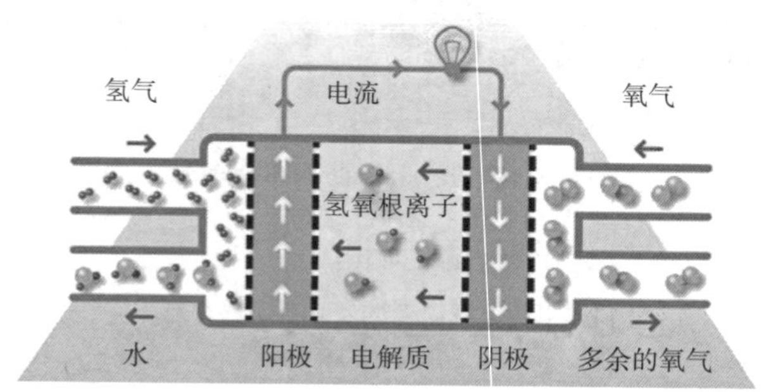

图11.4.2　燃料电池的工作原理示意图

早在1839年，英国科学家就造出过最原始的燃料电池，可以点亮照明灯。燃料电池的英文名fuel cell，也早在1889年就被提出了，但那时燃料电池的能量水平很低。直到20世纪90年代，出现了质子交换膜等新技术后，燃料电池才开始具备实用价值，先后在德国潜艇等兵器上得到应用，后来又向小型电站、新能源汽车领域发展。

图 11.4.3　德国 212A 型潜艇上使用的 120 千瓦燃料电池模块

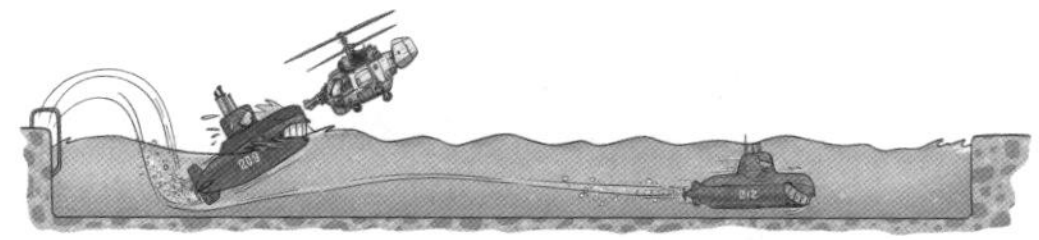

德国 212 型潜艇能以 5 节航速在水下连续潜航 2 ~ 3 周，普通的常规动力潜艇只能潜航 4 ~ 7 天。

图 11.4.4　德国 212 型潜艇

燃料电池的“发电”效率很高。内燃机一般只能把汽油、柴油所含化学能的 30% ~ 55% 转化为机械能，再通过发电机转变为电，而燃料电池可以把燃料化学能的 40% ~ 60% 转化为电能。它一般不“烧”汽油、柴油，而是用甲醇、氢等作为燃料，氧化剂则来源于空气、液氧罐等。氢的化学能本来就比汽油、

柴油高3~4倍，因此需要的燃料重量更少。

还是以上述HULC外骨骼系统为例，士兵穿戴它负重90千克行走24小时，需要36千克锂电池；如果用内燃机发电，需要4.5千克汽油；而如果用燃料电池，只需要0.72~1.1千克氢。

虽然现在燃料电池的核心材料都很昂贵，成本要比内燃机、发电机高，但对军队来说，这方面不是问题。特别是它基本结构简单，可以做成小功率的“发电机”，工作时还没有噪音，散发的热量少，这些都对军队有极大的吸引力。

比如现在已经有一些商用甲醇燃料电池，每千克发电功率300瓦以上，因此配备一块3千克的电池，功率就能达到0.9千瓦。甲醇作为燃料，其能量密度只有汽油的48%、柴油的69%，好在燃料电池发电效率高，普遍能超过50%，因此上述穿戴HULC的士兵一天需要5.7千克甲醇燃料。这样全算下来，10千克燃料电池和甲醇燃料，作用已经能相当于36千克锂电池，可以让HULC具备一定的实战能力。而且第二天也不需要36千克的新电池，只需要送来5.7千克甲醇。

美国一家公司已经为军用笔记本、电台研制过一种燃料电池，功率25瓦，一个装有250毫升高浓缩甲醇的燃料罐可让它发电14小时。

军队对此可能还不满意，因为甲醇作为燃料，和汽油、柴油比没减轻多少重量。在燃料电池里也是先把甲醇转化为氢，再进行发电的化学反应。如果燃料电池直接用氢发电，1千克氢相当于6千克的甲醇或汽油。

但氢的储存是个大问题，液氢需要保持在零下 253℃ 的低温，对步兵来说不可能，对舰艇、战车也是个不小的麻烦。德国潜艇上采用氢燃料电池时，把氢储存在一种能吸收和释放氢气的铁钛合金里。每 50 千克合金里，能储存 1 千克氢，后来发展到 17 千克储氢 1 千克。可这种用储氢金属制作的燃料罐，对步兵来说还是偏重。

图 11.4.5　维修中的 212 型潜艇（可以看到几个储氢钢瓶）

人们进一步探索和寻找更好的储氢材料，结果发现了纳米碳管、巴基球。它们都是碳原子构成的纳米材料，前者像一根空心管，后者是几十个碳原子组成的一个空心球。理论上，它们储存氢的能力可以达到 10% 和 9.5%，也就是 10 千克材料里能储存 1 千克氢。

纯粹从步兵穿戴外骨骼、使用电台等方面的耗电来考虑，燃料电池配合纳米碳管型燃料罐，优势似乎并不明显，因为同样发电量的氢燃料罐比一罐汽油、甲醇还重。要是用完燃料罐就换新的，氢还不如汽油、甲醇。

但如果把眼光从单个步兵放大到整个军队，就不同了。

战车现在也是耗电大户。过去都是靠主发动机带动的发电机，还有蓄电池，给坦克上的电台、热像仪等供电。随着用电设备增多，蓄电池首先不够用了；主发动机带动发电机供电，又存在一个效率和隐蔽性问题。值勤时坦克不需要跑动，但需要打开各种耗电设备；特别是在坦克、装甲车进行伏击、侦察时，打开主发动机发电就意味着暴露自己。于是现在各国设计、改装坦克时，都给它们加上一个小型辅助动力单元，里面是小内燃机和发电机，专门给坦克供电。这时如果换成燃料电池，不仅发电效率高，还能大大降低噪音，利于隐蔽。

坦克等用燃料电池，消耗的氢燃料就不是单个步兵那样的一小罐了，也就不会连带着储氢罐一起换，而是会重新向燃料罐、储氢材料里补充氢。这样下来，总体的氢燃料重量会大大降低，只有燃油的五分之一。而依靠核电站等提供电能大规模制备氢，比制备甲醇更方便。

还有作战飞机，未来代替航空燃油的，肯定不会是能量密度低的甲醇，只会是高能的氢。

因此未来的基本能源模式可能是：以核能发电为基础，通过电网向各处供能，并以电分解出的氢向电网没有铺到的地方供能（就像炼油厂提供汽油）。而对于军队来说，电网不能作为主要依靠，电站提供的氢才能保障各级部队、各种兵器有可靠的能源。

未来，军队的动力能源的核心可能是氢燃料电池，氢燃料电池的核心是储氢罐，而储氢罐的核心是纳米碳管。

顺便提一下，发展纳米碳管这样的材料也不仅仅是为了得到好的电源，它还有很多其它军事用途。比如，因其特殊的导电性、导热性，能制作新的超导材料、电子元件，电磁炮很需要；特别是它的力学性能很好，抗拉强度是钢的100倍，密度却只有钢的1/6，硬度与金刚石相当，却拥有良好的柔韧性，结构比高分子材料更加稳定，熔点还是已知材料中最高的，这让它在防弹、装甲领域有非常诱人的应用前景。

从上一节提到的研制外骨骼系统这一新兵器，工程师们涉及了电源、燃料电池；进一步涉及发展什么样的新电源，关注什么样的新材料，不仅考虑步兵，还考虑到别的兵种甚至军种的兵器；最终涉及最值得关注的新材料，不仅可以提高动力，也会提高装甲。

可见，现代兵器的发明和设计已不仅限于眼前这一个武器型号，而是内外系统、上下游技术、相关兵器都要充分考虑；有时还要从基础技术倒过来，跨界斟酌各种兵器的发展之路。

参考文献

[1] 钟少异 . 中国古代军事工程技术史（上古至五代）[M]. 太原：山西教育出版社，2008.

[2] 约翰 · 威克斯 . 反坦克战史 [M]. 李济民，译 . 北京：兵器工业出版社，1988.

[3] 艾尔弗雷德 · 普赖斯 . 空潜战 [M]. 韦晋光，李安林，译 . 北京：海洋出版社，1980.

[4] A.J. 瓦茨 . 猎潜战 [M]. 刘鹭，译 . 北京：海洋出版社，1985.

[5] 爱德华 · 霍顿 . 潜艇发展史 [M]. 粟俊，译 . 北京：国防工业出版社，1979.

[6] 安东尼 · 普雷斯顿 . 驱逐舰发展史 [M]. 杨璞，陈书海，高永献，译 . 北京：国防工业出版社，1990.

[7] 王书君 . 太平洋海空战 [M]. 北京：海洋出版社，1987.

[8] 中国人民革命军事博物馆 . 中国军事百科全书（第二版）· 古代兵器 [M]. 北京：中国大百科全书出版社，2006.

[9] 王兆春 . 中国科学技术史 · 军事技术卷 [M]. 北京：科学出版社，1998.

[10] 洛德·希尔 – 诺顿，约翰·德克尔 . 从战列舰到核潜艇 [M]. 周国存，译 . 北京：海洋出版社，1992.

[11] 胡复生 . 世界空降作战 [M]. 北京：解放军出版社，1992.